从新手到高手

Photoshop
美工设计与视觉合成从新手到高手

蒋蕙 / 主编

清華大学出版社
北京

内容简介

本书主要讲解用Photoshop处理美工图片以及合成的技巧。本书以案例为主导，核心内容包括抠图、修图、调色、合成等，这些案例讲解细致，是根据读者的学习习惯进行优化、润色的，力求给读者带来最佳的学习体验。本书案例均从在进行照片合成时经常会出现的实际问题出发，先描述照片合成的过程及存在的问题，然后说明解决问题的思路，再讲解如何使用Photoshop来实现，这些问题也是通过大量的实际调研得出的，具有代表性。另外，本书赠送所有案例的视频教程、案例素材和PPT教案以及海量资源库，方便读者朋友学习使用。

本书适合摄影后期制作人员、专业美工，以及从事平面设计、广告设计的人员学习参考，还可作为各类计算机培训学校、大中专院校的教学辅导用书。

图书在版编目（CIP）数据

Photoshop美工设计与视觉合成从新手到高手 / 蒋蕙主编. —北京：清华大学出版社，2023.4
（从新手到高手）
ISBN 978-7-302-62996-2

Ⅰ.①P… Ⅱ.①蒋… Ⅲ.①图像处理软件 Ⅳ.①TP391.413

中国国家版本馆CIP数据核字（2023）第040060号

责任编辑：张　敏
封面设计：郭二鹏
责任校对：徐俊伟
责任印制：宋　林

出版发行：清华大学出版社
网　　址：http://www.tup.com.cn，http://www.wqbook.com
地　　址：北京清华大学学研大厦A座　　**邮　编**：100084
社 总 机：010-83470000　　**邮　购**：010-62786544
投稿与读者服务：010-62776969，c-service@tup.tsinghua.edu.cn
质量反馈：010-62772015，zhiliang@tup.tsinghua.edu.cn
课件下载：http://www.tup.com.cn，010-83470236

印 装 者：涿州汇美亿浓印刷有限公司
经　　销：全国新华书店
开　　本：185mm×260mm　　**印　张**：12.25　　**字　数**：375千字
版　　次：2023年6月第1版　　**印　次**：2023年6月第1次印刷
定　　价：89.00元

产品编号：097656-01

前言

PREFACE

在岁月飞逝的光阴中，人们总是想抓住一些美丽瞬间，使之永恒。相机或许就是为了满足这种欲望产生的，记录，原本是摄影的初衷。而在现代，人们更多地希望将影像当作一种宣泄情感的途径，去将那些心中难以抒发的爱、恨、平淡、闲适的感情通过一张定格的经过思考和构图的图像表达出来。可实际上，总有各种各样的因素使作品在前期拍摄上有不完美的地方甚至遗憾。摄影是关于光影和时间的艺术，很多瞬间无法重新来过，所以就需要在后期的过程中对照片进行修饰和完善。当然，在数码时代，后期甚至作为一种艺术再创作的手段成为摄影作品产生的一个流程存在。其对于作品主题和情感的挖掘，赋予拍摄者更广阔的空间去表达思想和创意。

关于美工修图、合成工具，Photoshop 一直独领风骚，它以强大的优势被越来越多的人所喜爱，那么 Photoshop 有何优势呢？本书作者则是在经过大量调研后，根据大多数用户的实际需求编写而成，它通过抠图、修图、调色、合成等案例的细致讲解，带给人们直观的学习体验和感受。Photoshop 是一个非常强大的软件，可以帮助美工做很多修图工作。本书主要解决的问题是对图片的基础处理和对图片的后期合成。

写作特点

本书在内容准备完毕后，给大量的 Photoshop 爱好者、相关专业的同学做过培训，在培训的过程中不断地改进和完善，最终编写而成。本书不仅内容丰富、精彩，而且极具学习性，是值得学习的好书。

适用范围

本书适合摄影师、专业修图师，以及从事平面设计、网页设计、动画设计、广告设计、影楼后期工作的人员学习参考。

本书配套资源

（1）本书所有案例的视频教程。

（2）本书案例素材和 PPT 教案。

（3）海量资源库：画笔库、形象库、渐变库、样式库、动作库等。

读者可根据需要扫描下方二维码下载使用。

视频教程

案例素材和 PPT 教案

海量资源库

本书由无锡商业职业技术学院的艺术设计学院的蒋蕙老师编写，由于编者水平有限，书中若有错误和不足之处，恳请广大读者指正。

编者

目录

CONTENTS

第 4 章　Photoshop 美工设计技巧

第 5 章　产品广告的合成

第 6 章　唯美人像的合成

第 7 章　唯美风景的合成

第1章 美工广告设计的必备知识

伴随着网购如火如荼的发展之势，电子商务领域已经以风靡之势席卷全国，成为时下人们日常消费的主要网络平台。电子商务网站广告是电子商务平台盈利的一项重要辅助工具，在电商活动中扮演着重要的角色。作为一个美工，了解美工广告设计的必备知识是当务之急。

1.1 美工广告设计的构成要素

图形、图像、标志、文字以及色彩是电商设计的构成要素。它们在电商广告设计中分别担任各自的角色，各施所长，互相呼应，形成统一的视觉广告的整体，如图 1-1 和图 1-2 所示。

图 1-1

图 1-2

1.1.1 图形与图像

图形是广告作品中重要的“视觉语言”，在绝大多数广告作品中，图形都占有重要的地位，因为图形能够给人以直观的形象，尤其是在宣传商品时，它能使消费者对于商品的外观、性能、用法等“了如指掌”。“一幅好的图形胜过一百句好话”，使用图形可以省却许多文字的解释。图形具有以下 3 种功能：

- 吸引受众注意广告版面的“吸引”功能。
- 将广告内容传达给受众的“传达”功能。
- 把受众的视线引至文字的“诱导”功能。

为了充分发挥图形在广告中的功能，大家在设计时要注意做到以下几点：

- 以富有创意的画面充分地体现广告的主题。
- 图形的形象要生动、简洁，做到“阅读最省力”。
- 情理交融，既能以理服人，又能以情感人，有助于受众对所传达的信息产生注目、理解、记忆的效果，进而产生强烈的购买欲望。
- 不同的广告，其主题、商品、取材、受众、表现手法等各不相同，要求图形的风格也各不相同，从而出现多种风格。

1.1.2 标志

标志是广告对象借以识别商品或企业的主要符号。标志有商品标志和企业形象标志两类。在广告设计中，标志不是广告版面的装饰物，而是重要的构成要素。在整个广告设计版面中，标志的造型最单纯、最简洁，其视觉效果最强烈，在一瞬间就能让人识别，并能给消费者留下深刻的印象。如图 1-3 所示为不同标志的产品。

图 1-3

1.1.3 文字

文字是人类用于沟通思想、记录和传达语言的书面符号，是扩大语言在时间和空间上的交际功能的辅助工具。在广告中文字是不可缺少的视觉要素，它与图形互相配合来体现广告的主题，能够比较深入地说服消费者。

广告正文是说明广告设计内容的文本，基本上是对标题的发挥。广告正文用让人心动的语言介绍产品，使消费者产生购买的欲望，从而实现广告设计宣传的目标。广告正文文字集中，一般都安排在插图间比较醒目的位置，如图 1-4 所示。

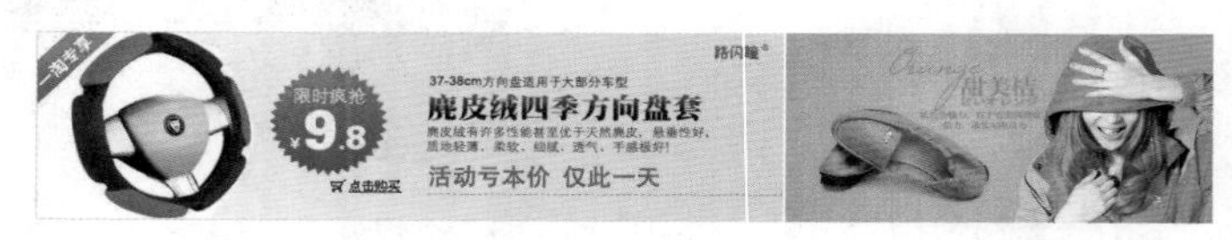

图 1-4

1.1.4 色彩

公众对广告的第一印象是通过色彩得到的。图形和文案都离不开色彩的表现，色彩传达从某种意义上来说是第一位的。

- 食品类商品常用鲜明、丰富的色调。红色、黄色和橙色强调食品的美味与营养；绿色强调蔬菜、水果等的新鲜；蓝色、白色强调食品的卫生或说明是冷冻食品。
- 药品类商品常用单纯的冷色调或暖色调。冷灰色适用于消炎、退热、镇痛类药品；暖色用于滋补、保健、营养、兴奋和强心类药品；而大面积的黑色表示有毒药品。
- 化妆品类商品常用柔和、脂粉的中性色彩。例如具有各种色彩倾向的红灰、黄灰、绿灰等色，用于表现女性高贵、温柔的性格特点。男性化妆品则较多用黑色或纯色，以体现男性的庄重与大方。
- 五金、机械、仪器类商品常用黑色或单纯、沉着的蓝色、红色等，表现五金、机械产品坚实、精密或耐用的特点。

1.2 美工广告设计的必需信息

本节介绍美工广告设计的必需信息，主要包括产品图片、产品价格、品牌 Logo、卖点介绍、引导按钮和附加价值 6 个方面。

1.2.1 产品图片

制作电商广告产品图有以下几个原则：

- 主题一定要明确，而且主题只有一个，如果放很多元素在一张广告图上面，消费者就会不知道这张广告图到底要表达什么意思。
- 广告图的风格一定要和主题一致，表里如一，切忌“挂羊头卖狗肉”。
- 在构图方面最好不要整齐划一、主次不分、中规中矩，突出创意才能出奇制胜，抓住消费者的眼球。
- 细节决定成败，一切的效果都要在细节中体现。

如图 1-5 所示为电商广告产品图。

图 1-5

1.2.2 产品价格

对于消费者而言，广告要发挥引导、刺激并满足消费者需求的作用，首先要使广告传播的信息引人注意，激发消费者的购买兴趣和欲望。其次，广告能改变人们的消费观念和消费心理，影响人们的消费结构和消费行为。再次，广告是消费者进行消费决策的重要参谋。而这其中产品的价格是不可忽视的一个因素，所以关于价格的提示一定要在广告中有非常醒目的表示，如图 1-6 所示。

图 1-6

1.2.3 品牌 Logo

品牌 Logo 会在顾客心里产生微妙的“化学”变化，并在潜移默化中对该 Logo 的电商产生一定的认知或认可，就此电商的网络推广就算是初战告捷了。如图 1-7 所示为一个带有品牌 Logo 的广告。

图 1-7

1.2.4 卖点介绍

作为介绍产品卖点的广告语绝对是营销手段的

鼻祖，是自人类有经济商贸以来就一直传承不灭的瑰宝，只要有经济的地方就必有广告语。而电商运用于网络推广的广告语，不仅可以起到广而告之的作用，还可以使顾客从简短的广告语中了解电商的产品优势，为电商带来潜在的用户。电商在广告语的设计上一定要精短，在点明产品优势的基础上浓缩精华，以最言简意赅的形式呈现给顾客，如图 1-8 所示。

图 1-8

1.2.5 引导按钮

好奇是人类的天性，如果某人正在注视一样东西，其他人也会不自觉地看过去试图找到答案。如果一个箭头指向某个方向，人们也想找出答案。物体往往也有一个“视线”，有着与箭头一样的作用，这些东西都会指引人们去寻找答案，也许人们并非有意识地去跟随，但实际上在内心深处总是藏着一个疑问，这就是引导按钮在电商广告中所起的作用，如图 1-9 所示。

图 1-9

1.2.6 附加价值

在开发在线媒体计划时不要小看附加值广告投放，例如基于文本的时事通讯广告和社论式广告，此类广告的投放代表着增值广告的机会，如图 1-10 所示。

图 1-10

1.3 电商广告的制作技巧

本节介绍电商广告的相关制作技巧，这是新手入门的必修内容，熟练掌握，能够用方便、快捷的方式制作出更加吸引人的广告。

（1）广告内容要符合法律规定。广告内容应当有利于人们的身心健康，促进商品和服务质量的提高，保护消费者的合法权益，遵守社会公德和职业道德，维护国家的尊严和利益，如图 1-11 所示。

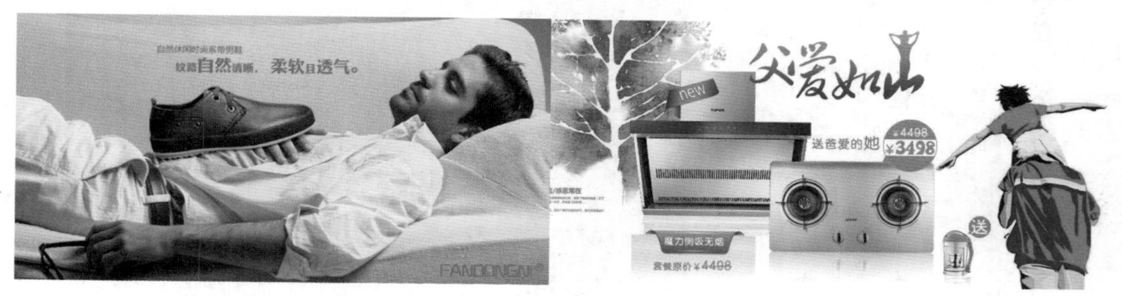

图 1-11

（2）强化企业品牌形象。企业品牌形象是信息传播的重要内容，在某种程度上，广告就是追求企业品牌在受众心目中的价值认同。设计网络广告，应将企业标志以及商标置于页面的醒目位置，统一企业的广告形象，强化公众对品牌的印象，如图 1-12 所示。

图 1-12

（3）广告语的使用。广告标题要用词确切、立意鲜明、有吸引力。正文句子要简短、直截了当，尽量用短语，语句要口语化，不绕弯子。另外，可以适当运用感叹号，以增强语气效果，如图 1-13 所示。

图 1-13

（4）图片的处理和使用。网页上的图片一般使用 GIF 或 JPG 格式，注意图片不宜过大，一般应将每个页面上所有图片的总大小控制在 30KB 以内，以使页面的访问时间尽量缩短，如图 1-14 所示。

图 1-14

（5）巧用动画。动画在网页制作、多媒体演示等领域得到广泛应用，如图 1-15 所示。

图 1-15

第2章 电商商品的拍摄技法

如何将商品真实、清晰地呈现在买家面前，是电商必须掌握的一项基本技能。这虽然不需要体现照片的艺术价值和较高的审美品位，但是精彩的商品照片无疑会为商品增色不少。

2.1 好照片如何布光

对于商品拍摄，布光的选择是一门大学问。到底哪种布光方式最好？怎样既能省钱又能达到想要的拍摄效果？这里就根据一些资料教给大家拍摄电商宝贝时的布光技巧。

2.1.1 拍摄吸光体

吸光体产品包括毛皮、衣服、布料、食品、水果、粗陶、橡胶、亚光塑料等，它们的表面通常是不光滑的（相对反光体和透明体而言），因此对光的反射比较稳定，即物体固有色比较稳定、统一，而且这些产品通常本身的视觉层次比较丰富。为了再现吸光体表面的层次质感，布光的灯位要以侧光、顺光、侧顺光为主，而且光比较小，这样能使其层次和色彩都表现得更加丰富。

比如，布料是吸光体，侧面方向的硬光较能表现布料的质感，如图 2-1 所示。

图 2-1

食品是比较典型的吸光体。食品的质感表现总是和它的色、香、味等各种感觉联系起来，要让人们感受到食品的新鲜、口感、富于营养等，唤起人们的食欲。

如图 2-2 所示，在蔓越莓饼干的上方和右侧加了两盏柔光灯，所以画面中食物的质感表现得非常细腻，而且表面的层次也很丰富。

如图 2-3 所示，在番石榴的正前方打了一盏柔光灯，这种顺光的表现使表面的颜色更加鲜亮，对番石榴表面细微的皱感的肌理表现得非常到位。

图 2-2

图 2-3

2.1.2 拍摄反光体

反光体是一些表面光滑的金属或是没有花纹的瓷器。要表现它们表面的光滑，就不能使一个立体面中出现多个不统一的光斑或黑斑，因此最好的方法就是采用大面积照射的光或利用反光板照明，光源的面积越大越好。

在很多情况下，反射在反光物体上的白色线条可能是不均匀的，但必须是渐变保持统一性的，这样才显得真实，如果表面光亮的反光体上出现高光，则可通过很弱的直射光源获得。

如图 2-4 所示，为了使不锈钢餐具朝上方的一面受光均匀，保证刀叉上没有耀斑和黑斑，用两层硫酸纸制作了柔光箱罩在主体物上，并且用大面积柔光光源（八角灯罩的闪光）打在柔光箱的上方，使其色调更加丰富，从而表现出质感。

图 2-4

如果直接裸露闪光灯光源，并且不用柔光箱，那么直射光就会显得硬，而硬光的方向性非常强，所以光的形状、大小就会直接反射到刀叉上，形成明显的光斑，那么也就失去物体的质感。

如果不是为了特殊的反光效果，在拍摄反光体时通常选择柔光，柔光可以更好地表现反光体的质感。另外还要注意灯是有光源点的，所以要尽量隐藏明显的光源点在反光体上的表现。一般通过加灯罩并在灯罩里加柔光布的方式来隐藏光源点。

反光体布光最关键的就是对反光效果的处理，所以在实际拍摄中一般使用黑色或白色卡纸来反光，特别是对柱状体或球体等立体面不明显的反光体，如图 2-5 所示。

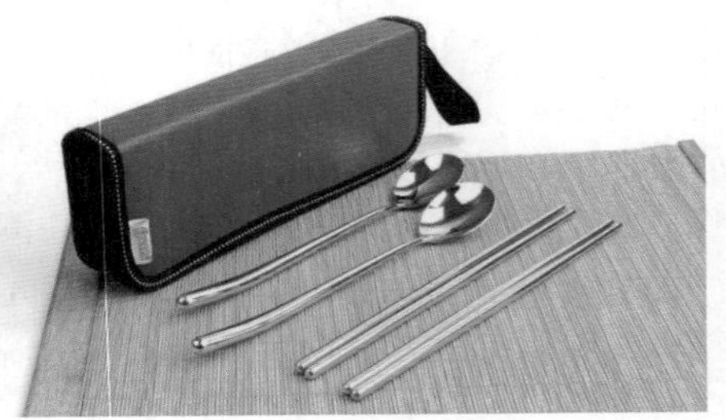

图 2-5

为了表现画面的视觉效果，不仅可以用黑色或白色卡纸，还可以利用不同反光率的灰色卡纸来反射，这样既可以把握反光体的本质特性，又可以控制不同的反光层次，增强作品的美感。

2.1.3 拍摄透明体

透明体，顾名思义是一种通透的质感表现，而且表面非常光滑。由于光线能穿透透明体本身，所以一般选择逆光、侧逆光等。光质偏硬，可以使其产生晶莹剔透的艺术效果，体现质感。透明体大多是酒、水等液体或者是玻璃制品，如图 2-6 所示。

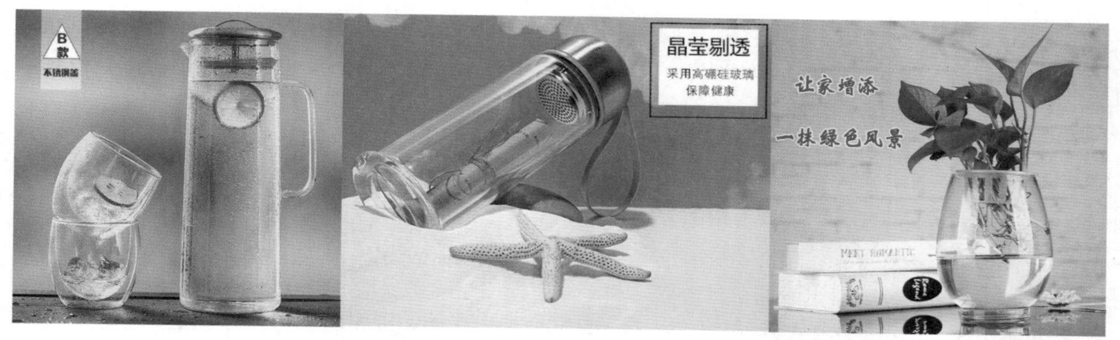

图 2-6

图 2-7

拍摄透明体很重要的一点是体现主体的通透程度。在布光时一般采用透射光照明，常用逆光位，光源可以穿透透明体，在不同质感的物体上形成不同的亮度，有时为了加强透明体的形体造型，并使其与高亮逆光的背景相剥离，可以在透明体左侧、右侧和上方加黑色卡纸来勾勒造型线条。

在表现黑色背景下的透明体时，要将被摄体与背景分离，可在两侧采用柔光灯，这样不仅可以将主体与背景分离，还可以使其质感更加丰富。例如在顶部加一个灯箱，就能表现出物体上半部分的轮廓，透明体在黑色背景中显得格外精致、剔透。

如图 2-7 所示就是用逆光形成明亮的背景，用黑色卡纸修饰玻璃体的轮廓线，用不同明暗的线条和块面来表现玻璃体的造型和质感。大家在使用逆光时要注意不能使光源出现，一般选择柔光纸来遮住光源。

2.2 构图的运用

拍照要有一定的格式和规律，只有掌握好了基本构图的运用才可以突破和创新，但是在打破陈规之前必须先了解陈规，这样才有可能真正做到突破和创新。

2.2.1 黄金分割法

如图 2-8 所示，采用黄金分割法构图时画面的长宽比例通常为 1 : 0.7，按此比例设计的造型十分美丽，因此被称为黄金分割，该比例也叫黄金比例。

在日常生活中有很多东西都采用这个比例，例如书籍、报纸、杂志、箱子、盒子等。

通常把黄金分割法的概念略为引申，0.7 所在之处是放置拍摄主体最佳的位置，以此形成视觉的重心。

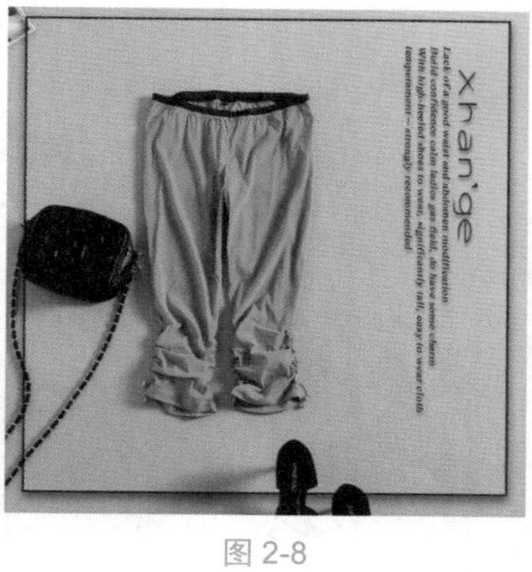

图 2-8

2.2.2 三分法

所谓的三分法其实就是从黄金分割法中引申出来的，用两横、两竖的线条把画面九等分，形成的格子也叫“九宫格”，中间 4 个交点成为视线的重点，这也是构图时放置主体的最佳位置。

图 2-9

这种构图方式并非要主体必须占据画面的 4 个交点，在这种 1 : 2 的画面比例中，主体占据 1 ～ 4 个交点都可以，但是画面的疏密会有所不同。

图 2-9 展示的服装图片，人物上身占据了右边的两个交点，前臂和大腿占据了左边的两个交点，是典型的 4 点全占的三分法构图方式。

2.2.3 均分法

为了在视觉上突出主体，通常将主体放在画面的中间，左右基本对称，因为很多人喜欢把视平线放在中间，上下空间的比例大致均分。如图 2-10 所示，这 3 张图片使用的都是均分法构图，主体都在画面的正中，但是为了防止画面显得过于呆板，往往在对称之中略有偏移。

图 2-10

女装照片里模特的脸部被裁掉了一半，这样在身材比例上就更加突出了腿部的长度，但是视觉的重点依然在模特裙子的花纹上。

在羽绒马甲的照片中，翻起来的帽子占据了衣服长度的 1/3，这种比例在视觉上加强了稳定性，因此也能取得较好的视觉效果。

及膝女靴的照片在构图时，模特两腿呈倒 V 字造型，肤色与黑色的靴子在颜色上形成深浅对比，保障了稳定性和视觉重点。

2.2.4 疏密相间法

当需要在一个画面中摆放多个物体进行拍摄时，在取景的时候最好让它们错落有致、疏密相间。

如图 2-11 所示，多个物体前后左右布局就比一字排开自然、美观得多，其中有些被拍摄物体适当地相连或交错，往往会让画面显得更加紧凑，主次分明。

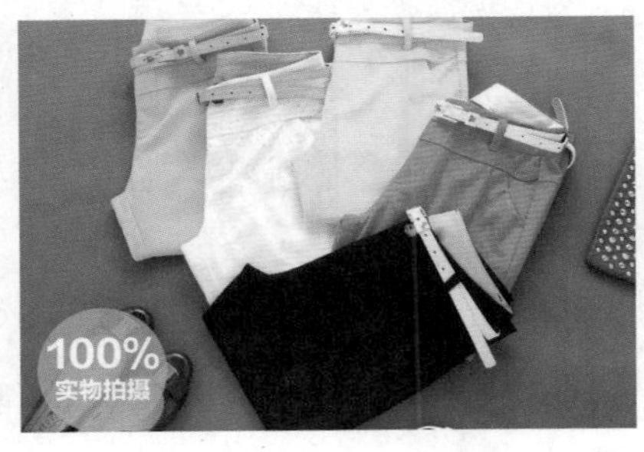

图 2-11

众所周知，在篆刻中有“疏可走马，密不透风”的经典布局方法，将其借用到电商商品的拍摄中也非常容易出效果。

第3章 Photoshop美工合成概述

图像合成就是把两幅或者两幅以上的图像经过一定的处理拼合成一幅新的作品，就像给现实的照片换背景，或者给照片添加一些现实生活中不可能出现的物体（例如龙、凤等元素）。在图像合成的过程中，设计者的创意是非常重要的。

如图 3-1 所示为合成一幅作品所用到的素材图片，和拼贴画一样，图像合成就是将图像叠加、交错并改变图像的上下顺序，再把多幅图像重新组合，形成一个新的视觉效果，如图 3-2 所示。

在平面设计领域中，叠加、交错的图像被称作“图层”。设计中的每个元素都能放置在单独的图层上，因此进行图像合成的首要任务就是了解和掌握图层的功能。

图 3-1

在不影响其他图像的情况下，单独处理某一图层上的图像，这就是图层的主要作用。如图 3-3 所示，每个图层上都包含了不同的图像元素，将这些元素组合起来，就形成了一幅完整的画面。

图 3-2

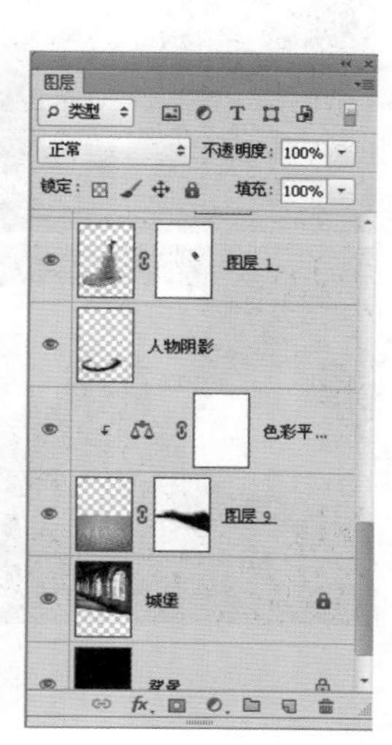

图 3-3

3.1 Photoshop 合成的应用领域

图像合成随着计算机的普及以及软件技术的发展，已经成为一种艺术的表现形式。大家进行图像合成不仅要学会挑选素材，还要学会制作素材。因为在合成过程中有些素材是不符合合成要求的，有些素材可能找不到，这就需要设计者自己制作素材。

3.1.1 在人像合成中的应用

人像合成是应用最广泛、最频繁的合成。人像合成包括人物与人物合成、人物与纹理合成、人物与背景替换合成等。在人像合成的过程中，要对图像中不需要的区域进行替换，例如游览世界名胜、与明星合影等，以达到预期的效果，这就要对图片进行抠图处理（对于抠图，在4.1节会有详细的介绍）。如图3-4和图3-5所示，这些图片都可以利用合成技术轻松实现。

图3-4

图3-5

3.1.2 在场景合成中的应用

在游戏场景的绘制中会经常用到图像合成技术，因为在游戏制作领域中游戏场景的绘制是一项非常繁重的工作，利用计算机合成场景不仅可以减轻开发人员的工作量，还能提高场景的精度，如图3-6所示。另外，场景合成的手法在电影的制作过程中也经常用到，合成技术高超的美工人员设计出的图片会使人们在欣赏的时候分不清哪里是合成的，哪里是真实的。

图3-6

3.1.3　在婚纱合成中的应用

以前在拍摄婚纱照时，婚纱照的摄影往往局限于新娘换穿礼服拍摄一些固定姿势的照片，可是现在由于人们思想的变化，婚纱照越来越侧重于表现被摄者的个性，并且越来越追求审美和艺术效果，因此 Photoshop 在婚纱合成中的应用就显得尤其重要，可以用来合成一些特殊效果的婚纱模板，还可以将平淡的婚纱照变得生动，使其更加具有纪念意义，如图 3-7 所示。

图 3-7

3.1.4　在插画合成中的应用

插图是运用图案表现形象的艺术形式，它的原则是审美与实用相统一。插图内容丰富、简单明了，使得每个看过的人都能明白它的含义，可以说插图是全世界通用的语言。如今，世界各地的设计师不断推出许多新的视觉作品，大家能够从中感受到他们高超的技术和非凡的想象力。如图 3-8 和图 3-9 所示的就是一些优秀的 CG 合成作品。

图 3-8

图 3-9

3.1.5 在超现实效果合成中的应用

超现实主义源于达达主义，它的主要特征是以所谓“超现实”“超理智”的梦境、幻觉等作为艺术创作的源泉，认为只有这种超越现实的“无意识”世界才能摆脱一切束缚，最真实地显示客观事实的真面目。超现实主义对于视觉艺术的影响力深远，它可以把梦境的主观世界变成客观、令人激动的形象画面。

图 3-10

超现实主义是在1920年至1930年间盛行于欧洲文学及艺术界中的艺术流派，它对当时的思想界、艺术界产生了具有深刻影响的美学思潮，其先进的创作理念、独特的艺术风格使招贴广告设计者产生出强烈的共鸣。要使普通的画面化平淡为神奇，产生强烈的视觉冲击，增加广告的被关注度，只需要设计者吸收、借鉴和运用超现实主义艺术流派的表现手段、表现形式和表现技法，合理地利用反逻辑、超时空等技法即可。今天的招贴广告创作大多运用了超现实效果合成，如图3-10所示。

3.1.6 在广告设计中的应用

广告就是利用别出心裁的符号组合来传达信息，把原本不相干的图像和符号合成在同一个空间里，让人有耳目一新的感受。图像合成技术在广告设计中的运用非常广泛，在日常生活中人们随时都可以接触到广告中所应用到的合成技术，因为它不仅超越了绘画和摄影中的不足，还能带给人们强烈的视觉冲击力。如图3-11所示的就是几个广告合成案例的效果图。

图 3-11

3.2 图像合成的几个重要环节

在进行图像合成时，大家需要考虑几个重要的因素，即前景和背景、图片的获取、抠图、光线的匹配、调色等，它们是图像合成最重要的环节。

3.2.1　前景和背景的关系

经常会有人问，在处理图片时是先从背景入手还是先从对象入手？对于这个问题没有标准答案，大多数的时候会先处理人物对象，再为他们选择一个合适的背景（在拍摄前，拍摄者的头脑里应该预先有一个明确的背景）。如图 3-12 所示为前景和背景素材的合成。

图 3-12

3.2.2　从网络中寻找需要的图片

对于职业摄影师，通常有自己的图片库，这在合成工作中是非常重要的；对于普通的摄影爱好者，在合成照片的时候经常没有合适的素材，此时就需要上网寻找相应的素材用到自己的作品中。例如需要一张火箭的照片进行合成，而大多数人没有拍摄过火箭，这时可以登录像百度之类的网站，搜索“火箭”关键词进行查找，如图 3-13 所示。需要注意的是，在网站中可能找不到一个纯白背景的火箭照片，没关系，可以将火箭从图片的背景中抠出来。

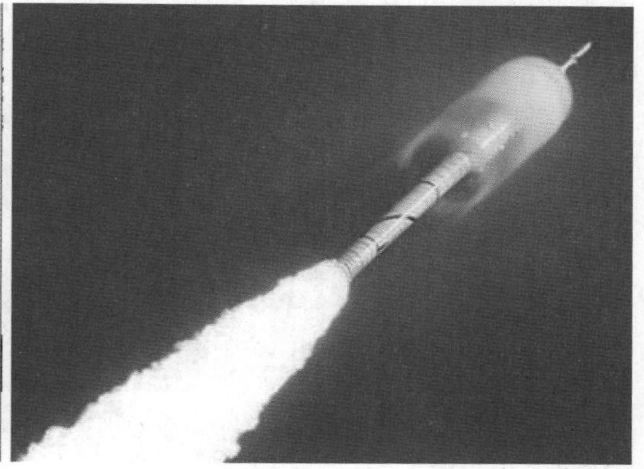

图 3-13

3.2.3　图片库的建立

大家可以建立自己的背景图片库，因为在进行合成图片的工作时，背景图片和其他素材一样重要。但相对于从图片网站上选择一张图片来说，自己制作背景图片更好。

尽量多地拍摄云彩、足球场、路灯、鲜花、汽车、房子、大树、风扇、书本等物体，再给它们逐一命名，因为所拍摄的一切都有可能用到今后的作品中。背景图片是经常要用到的合成素材，大家要善于管理背景素材。最好建立一个“背景”文件夹，里面再包含一些子文件夹，然后给这些文件夹进行分类命名，养成这样的习惯有助于日后的工作，如图 3-14 所示。

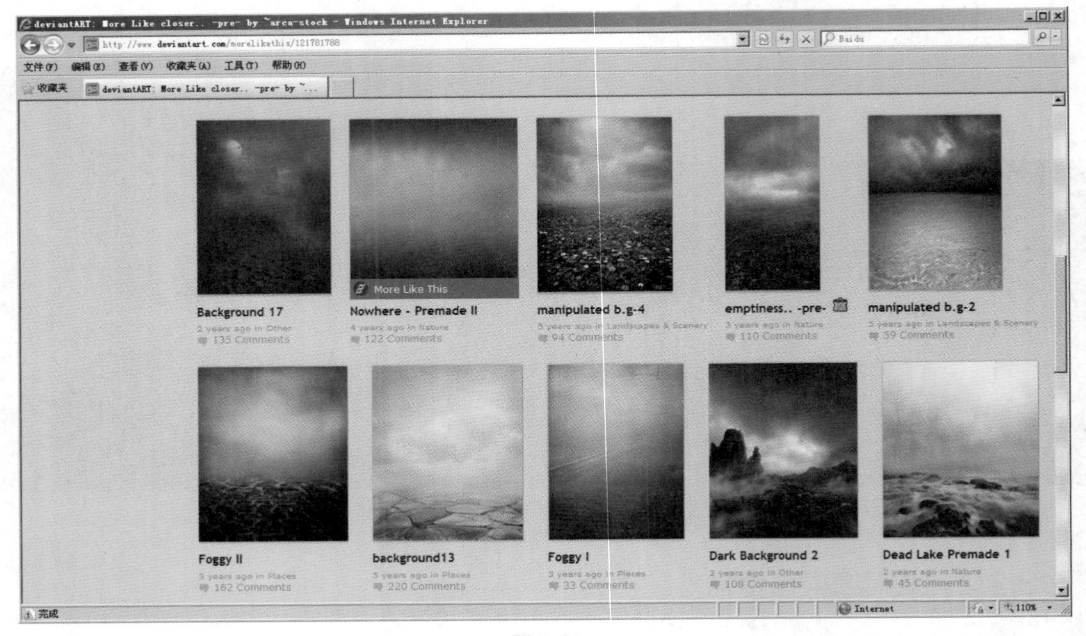

图 3-14

3.2.4 在 Photoshop 中抠图

图 3-15

在 Photoshop 中有个非常关键的功能是选区，照片合成的所有工作都围绕着选区来进行，如图 3-15 所示。没有一个好的、干净的选区，作品看起来就显得很不专业。Photoshop 中选区的功能非常强大，使用它可以节省合成照片的工作量。因此，若想让工作变得轻松，就要先安装 Photoshop 软件，以方便对图像的选区进行选取。

3.2.5　让合成图片的光线合理

在合成照片的过程中，光线是关键，它不仅能让选区变得简单，还可以使照片更加真实、自然。但是，即使用户通过学习掌握了所有选区技巧和 Photoshop 特效，如果在处理对象与背景时使用了不同的光线，那么作品看起来也会变得不真实。如果用户提前知道作品的背景，就可以事先将灯光布置好，以获得满意的光线。若是不能预先获知背景，可以使用下面讲解的方法进行设置。

一般情况下，在拍摄照片的时候会设置 3 个灯光，用来打亮模特的脸和衣服的是主光，放于模特前方的上部，其他两个光源放于模特的两侧，为其打边缘光。因为使用了 2 ～ 3 个灯光，所以可以增加从背景中获得一个好选区的可能性。放置于模特身后的幕布越亮越好，如图 3-16 所示。如图 3-17 所示为合成后的效果。

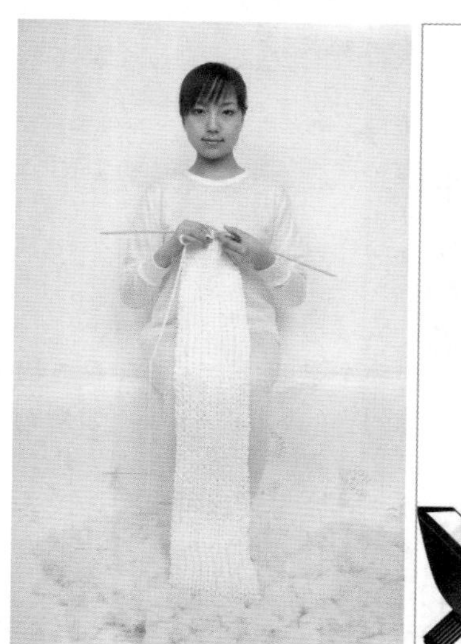

图 3-16

从图中可以看出，画面中的光线比较柔和，画面是使用三角光来进行拍摄的，这样画面中不会出现很强的对比，细节可以很好地得到表现，这样的光线比较适合拍摄女性人像。

图 3-17

主光：位于模特之前，用来打亮模特的脸和衣服的光线就是主光。相对于模特身上的光线，布光时的主光比较好控制。在拍摄时主光经常会使用强光和柔光箱，强光的明暗反差可以塑造出模特脸部的阴影，而中小型柔光箱能塑造出柔和、自然的光线，适合拍摄家庭照片或者儿童照片。

辅光：布光的关键是辅光，它可以沿着模特的身体形成一个清晰的轮廓。有人在拍摄照片的时候并没有使用主光，而只用了一个大大的柔光箱，但拍摄出来的照片效果也特别好，这说明主光的使用很重要，但不是必须的。在拍摄时，尤为重要的是模特身上的几种轮廓光。编者喜欢使用长条状的柔光箱，因为这样模特的脸部到身体的一侧就能被光覆盖。若是没有长条状的柔光箱，使用中小型柔光箱也能得到很好的效果。如果在边缘光上使用了蜂巢，就可以控制光线和焦点到想要的位置。需要注意的是，若是想得到一个较硬的轮廓光，只需要使用蜂巢布光就可以正确地控制光线到想要的位置，并且得到比较好的效果，完全不必将灯光紧紧围绕模特，或混合前方的主光。

但是，并不是所有合成照片的工作都开始于摄影棚，都有专业灯光的支持，本书将会探讨一些自然光照片的合成技巧。自然光人物照片同样可以应用在很多照片合成项目中，只不过会受原始照片中光线的影响。比如在中午拍摄了一张人物照片，为了让照片看起来更真实，可以选择另一张也是在中午拍摄的照片作为背景，而不要将它合成到一个昏暗的背景中。

3.2.6　调色很重要

在合成照片的过程中，最难的部分不是把各种各样的照片合成在一起（也就是从一个背景中抠取一个人物，再把它放置在另一个背景中），而是要同时达到人物感情和背景色彩的和谐。色彩就是给照片中的每个元素一个统一的主题，再将它们联系到一起。在本书中将讲解包括“调整图层”和“混合模式”在内的数个关于色彩的技巧，如图 3-18 所示为 Photoshop 的几种调色工具。

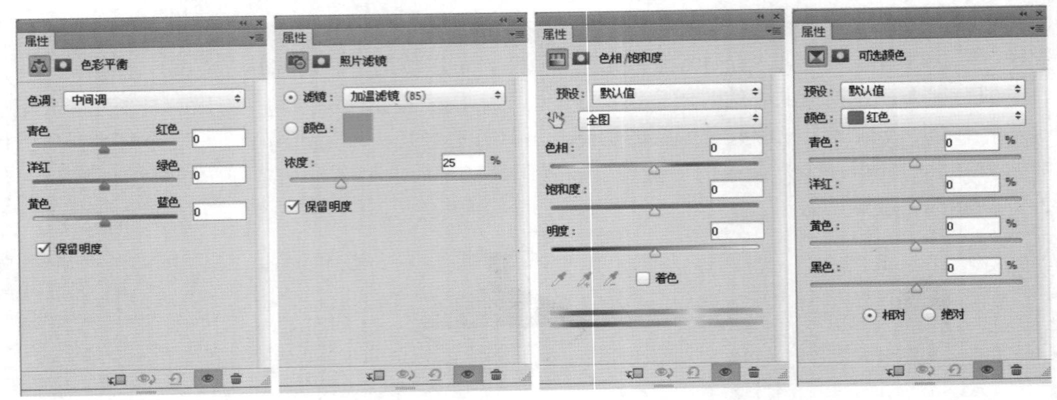

图 3-18

3.2.7 人像照片合成的秘诀

在人像照片的合成中有两个秘诀：一个是让人物的脚部暗下来，另一个是照片中不要包含人物的脚部。例如合成一张人物的脚要落在实地的全身照片，则可以在人物的脚的周围做文章。如果人物没有真正的“脚踏实地”，要处理脚部周围的阴影和光线，这就显得非常麻烦（至于处理方法，会在后面的章节中讲解）。若是不想让人们注意某个位置，那么只需要让它暗下来就可以了，因为暗下来之后，人们的注意力就会集中到照片的亮部。在生活中大家细心观察，就可以发现身边的哪些海报和广告是合成的，在这些海报和广告中，人物的脚部和照片底部大多是加暗的，如图 3-19 所示。

图 3-19

刚才讲解了让人物的脚部暗下来，接下来讲解照片中不要包含人物的脚部。如果不是万不得已，不要把人物的脚部包含到照片之中。因为即使人们没有看到人物完整的身体，也会被一张图片的氛围和情感所感染。大家身边的海报或广告大多没有包含人物的脚部，如图 3-20 所示。

图 3-20

3.3 作品的完整制作过程

一个作品在制作前期通常有较为周详的计划，其中拍摄计划包括构图形式、服装、道具和模特等，后期处理计划包括使用图像处理软件 Photoshop 进行图像的拼合、色彩的调整等。

一个作品的完整制作过程主要分为以下几个阶段。

创意与构思阶段：对于作品表现形式、表现手法的制定阶段。

拍摄阶段：主要拍摄制作过程中所需要的素材。在这个过程中必须保证对素材的高品质控制，以确保素材在后期处理阶段中的高清晰度、色彩的准确还原、图像格式的正确运用等。

后期处理阶段：在这个阶段首先对所拍摄的素材用 Photoshop 进行明暗、色调、锐化方面的处理，然后将各种素材进行整合，最终形成一个完整的作品。

3.3.1 创意与构思

一个好的作品取决于它的创意，这里可口可乐广告的创意主要是表现在足球赛中由红队队员发任意球的一瞬间，在蓝队队员组成的人墙中，一位手拿可口可乐的队员正悠闲地准备拧开可口可乐的瓶盖，而忘记了比赛正在激烈的进行。作品以紧张的比赛瞬间与手拿可口可乐的队员的轻松神态形成了强烈反差，从而突出了可口可乐所具有的独特魅力，如图 3-21 所示。

图 3-21

3.3.2 拍摄

这幅作品共经过 3 次拍摄，在前两次拍摄的过程中遇到了与前一幅作品同样的问题，即创意的合理性、光效的控制、人物的动态和表情、道具的选择等问题，如图 3-22 所示。

第一次拍摄

第二次拍摄

图 3-22

第三次拍摄

这幅作品在拍摄方面要简单一些，因为人物在画面中所处的位置较为松散，前后距离较远，所以可以分开进行拍摄，然后在后期处理阶段进行合成，如图 3-23 所示。

图 3-23

将照相机固定在三脚架上，对场景进行拍摄。为了使天空部分得到较好的层次，首先对天空测曝光，然后进行拍摄，可以看到地面部分有些暗，不过没关系，因为作品中只需要用到天空部分，如图 3-24 所示。

图 3-24

在不移动照相机的情况下分别拍摄守门员和蓝队人墙部分，根据人物的位置移动闪光灯，但是在移动闪光灯的过程中要注意光线方向的一致性，这样在合成时才会产生光线统一的图像，如图 3-25 所示。

图 3-25

下一步拍摄离照相机较近的红队发任意球的队员，值得注意的是，这个人物的动态是整个画面的关键，所以在拍摄时应该尽可能多拍，直到出现满意的动态为止。然后对足球进行单独拍摄，以保证有足够的细节层次。

3.3.3　后期处理

Step01 在拍摄的素材中将天空层次表现较好的图像作为背景图层，从 Photoshop 中将该背景图层打开，如图 3-26 所示。

Step02 选择工具箱中的裁剪工具，在图像上拖曳并绘制出裁剪区域，按 Enter 键确认裁剪，如图 3-27 所示。

图 3-26

图 3-27

Step03 将发任意球的人物素材拖入背景图层，添加蒙版后，选择画笔工具对天空部分进行擦除，天空便逐渐显现出来，如图 3-28 所示。

Step04 将守门员的素材拖入背景图层，添加蒙版后，选择画笔工具在图像上进行涂抹，将不需要的部分隐藏，如图 3-29 所示。

图 3-28

图 3-29

Step05 将队友图像拖入背景图层，按照同样的方法添加蒙版，然后使用画笔工具选择合适的画笔大小，在图像上进行涂抹，如图 3-30 所示。

Step06 按快捷键 Ctrl+Alt+Shift+E 盖印图层，生成“图层 4”图层，然后选择工具箱中的修补工具，对图像中有缺陷的地方进行修复，如图 3-31 所示。

图 3-30

图 3-31

Step07 使用同样的方法对画面的远景进行修复，使画面干净、整洁，然后选择工具箱中的减淡工具和加深工具，在图像上进行涂抹，使画面更有层次感，如图 3-32 所示。

Step08 选择工具箱中的快速选择工具，在图像上拖曳并将图像中的人物建立为选区，按快捷键 Ctrl+Shift+I，将其进行反选（准备对画面进行色调的调节），如图 3-33 所示。

图 3-32

图 3-33

Step09 单击“图层”面板下方的“创建新的填充或调整图层”按钮，在弹出的下拉菜单中选择“可选颜色”命令，打开“可选颜色”属性面板，在“颜色”下拉列表中选择中性色，设置参数，使画面呈现蓝绿色调，如图 3-34 所示。

Step10 按快捷键 Ctrl+Alt+Shift+E 盖印图层，然后执行“滤镜 > 锐化 >USM 锐化”命令，在弹出的对话框中设置参数，使画面的边缘更加清晰，如图 3-35 所示。

图 3-34

图 3-35

第 4 章 Photoshop 美工设计技巧

本章主要介绍 Photoshop 在美工设计中的技巧，首先将每个问题进行单独剖析和有针对性的解决，然后综合运用这些方法来解决一些复杂的问题。本章的讲解思路是先提出问题再解决问题，主要内容为抠图、修图和调色。

4.1 抠图

当我们使用 Photoshop 软件时，抠图可以说是必须掌握的一项技巧。在做合成之前，首先要将合成需要的图片或素材从原图片中分离出来，这样才能合成一张新的图像，那么如何才能快速、准确地抠图呢？

4.1.1 高效、高质量地抠图

在抠图之前知道图片的用途及特点才能选出最佳的抠图方法。

技巧 1 根据图片的用途选择抠图方法

印刷：如果抠出的图片用于印刷，应该选择精确的抠图方法，比如使用钢笔工具。如果选择魔棒工具抠图用于印刷，那么本来在屏幕上看起来清晰的边缘，在印刷出来后会比较模糊。

网络：如果抠出的图片用于网络发布，那么对抠图准确度的要求就不是特别高，这时候应该选择快速的抠图方法，例如使用魔棒工具和快速选择工具。

技巧 2 根据图片的特点选择抠图方法

需要多次修改：如果抠出的图片还需要进行进一步修改，那么建议将抠图的选区转换为图层蒙版。

数量很多：如果需要抠取的图片数量很多，毋庸置疑，应该选择最快速的抠图方式。

有虚有实：如果需要抠取的图片有虚有实，直接对图片进行抠取，抠出的图片会显得很假、很生硬，不如将虚的地方变虚一点，这样看起来会真实、自然许多。

主体和背景融为一体：如果要抠取这种类型的图片，使用一般的抠图工具很难抠出对象，这时候可以选择更高级的抠图方法，例如使用图层的混合模式、通道、混合颜色带等。

4.1.2 常见的抠图工具

1. 磁性套索工具

使用磁性套索工具可以轻松地绘制出外边框很复杂的图像选区。该工具就像铁被磁石吸附一样，紧紧吸附在图像的边缘，只要沿着图像的外边框形态拖动鼠标，就可以自动建立选区。磁性套索工具主要用于指定色彩较明显的图像选区，如图 4-1 所示。

2. 魔棒工具和快速选择工具

魔棒工具：在使用魔棒工具时，通过设置容差值，然后单击鼠标，就可以将颜色相似的大面积区域指定为选区，如图 4-2 所示。魔棒工具适用于绘制对比较强的图像区域。

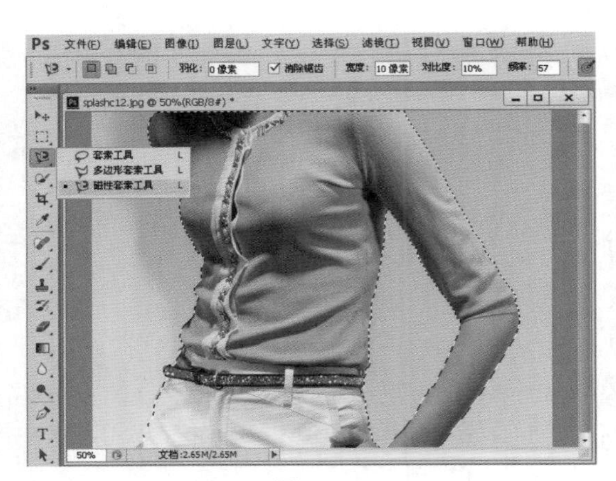

图 4-1

图 4-2

快速选择工具：快速选择工具能够利用可调整的原型画面笔尖快速绘制选区。在拖动鼠标时，选区会自动向外扩张并自动查找和跟随图像中定义的边缘。使用快速选择工具可以快速抠取简单背景上的图像。

3. 钢笔工具

使用钢笔工具可以精确地绘制出直线或平滑的曲线。在使用钢笔工具抠图的过程中通常会配合删除锚点工具、添加锚点工具、转换点工具的使用，用户在绘制路径时可能无法准确地将控制手柄的曲度调整得正好，此时可在按住 Ctrl 键的同时单击并拖动控制柄，使其更好地贴合图像的边缘曲度，如图 4-3 所示。

图 4-3

4. 图层蒙版

在使用图层蒙版的过程中，图层蒙版的主要作用是对图像进行合成方面的处理。使用钢笔工具作出的选区会很生硬，将其转换为蒙版后，可以使用其他工具进行软化。使用蒙版还可以对抠取的图像进行反复修改，且不破坏图像本身，如图 4-4 所示。

图 4-4

5. 调整边缘

使用调整边缘可以优化已有的选区，用任意选区在图像上创建选区选择范围后，其属性栏上的“调整边缘”按钮才可以启用，在“调整边缘”对话框中调整参数，可以使选区的边缘更加柔和，如图 4-5 所示。

图 4-5

6. 混合颜色带

双击要添加图层样式的图层，将弹出“图层样式”对话框，在该对话框的底部可以看到混合颜色带，使用它能够将当前图层中亮的部分和暗的部分隐藏起来，其中“本图层”用于调整当前图层，“下一图层”用于调整当前图层的下一级图层，如图 4-6 所示。

图 4-6

图 4-7

7. 色彩范围

“色彩范围”的原理是根据色彩范围创建选区，这是针对色彩进行的操作。设置的颜色容差值越大，选择的范围越大，反之选择的范围就越小。在色彩范围的选择中配合 Shift 键可以选择更多的选区，配合 Alt 键可以从当前选择的颜色中删除不想要的颜色。在色彩范围的缩览图中，白色表示选中的部分，黑色表示没有选中的部分，如图 4-7 所示。

4.1.3 解决常见的抠图问题

1. 抠出边缘清晰的图像

Step01 分析原图　在 Photoshop 中打开一张人物照片，该图片的边缘清晰，使用磁性套索工具容易吸附，如图 4-8 所示。

Step02 绘制选区　在工具箱中选择磁性套索工具，然后在图像的边缘拖动鼠标自动查找颜色的边界进行吸附，如图 4-9 所示。

图 4-8

图 4-9

Step03 建立选区　这样就将人物图像的外围形成选区，如图 4-10 所示。

Step04 减选选区　现在需要将多选的范围减去，按住 Alt 键在多余的地方再次进行选择，可将其去掉，如图 4-11 所示。

图 4-10

图 4-11

Step05 进行反向 将选区建立完成后，右击，在弹出的快捷菜单中选择“选择反向”命令，如图 4-12 所示。

Step06 删除背景 按 Delete 键将背景删除，按快捷键 Ctrl+D 取消选区，如图 4-13 所示。

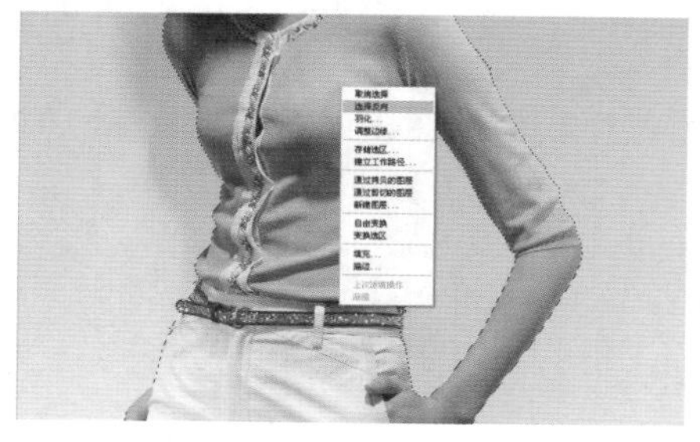
图 4-12

图 4-13

2. 抠出对比较强的图像

Step01 分析原图 在 Photoshop 中打开图像，观察发现图像的对比较强，如图 4-14 所示。

Step02 建立选区 选择魔棒工具，设置容差值为 50，在背景处单击，如图 4-15 所示。

Step03 添加选区 按住 Shift 键在两层楼中间单击，如图 4-16 所示。

图 4-14

图 4-15

图 4-16

Step04 进行反向 右击，在弹出的快捷菜单中选择“选择反向”命令，如图 4-17 所示。

Step05 选中对象 选择反向后，对象被选中，如图 4-18 所示。

Step06 完成效果 移动到新建文档中，观察抠图效果，发现无明显瑕疵，如图 4-19 所示。

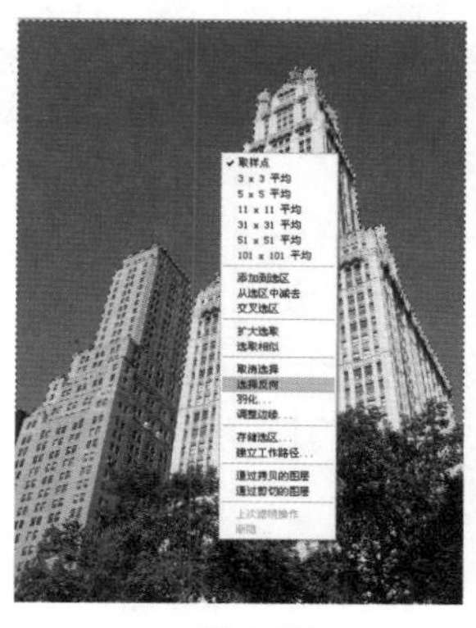
图 4-17

图 4-18

图 4-19

3. 抠出边缘清晰、用于网络的图像

Step01 分析原图　在 Photoshop 中打开一张边缘清晰的图，因为本图将用于网络，所以用钢笔工具精细地抠图，如图 4-20 所示。

Step02 放大图像　选择工具箱中的缩放工具，将图像放大，可以看到更多的图片细节，如图 4-21 所示。

Step03 建立锚点　在工具箱中选择钢笔工具，沿着对象边缘切线的方向拖动鼠标，在拐角处再次拖动鼠标，如图 4-22 所示。

图 4-20

图 4-21

图 4-22

Step04 如果无法准确地调整控制柄的曲度，可以在按住 Ctrl 键的同时单击并拖动控制柄，使其更好地贴合图像的边缘曲度，如图 4-23 所示。

Step05 对于边缘是直线的部分，直接单击鼠标不需要拖曳，当遇到曲线时，沿着曲线切线的方向拖曳鼠标，生成方向线，如图 4-24 所示。

Step06 闭合路径　无论是处理曲线还是直线，都要尽量用最少的锚点，这样可以使抠出的图像更加平滑，最后让路径闭合，如图 4-25 所示。

图 4-23

图 4-24

图 4-25

Step07 使用钢笔工具再次在图像上单击并创建曲线，配合 Ctrl 键和 Alt 键，将选中的多余内容再次进行选择，如图 4-26 所示。

Step08 转换选区　在将所有的路径闭合后按快捷键 Ctrl+Enter 将路径转化为选区，如图 4-27 所示。

Step09 完成效果　使用移动工具将抠好的选区移动到背景素材中，并调整大小和位置，观察抠出的效果，可以看到边缘清晰、无锯齿，如图 4-28 所示。

图 4-26

图 4-27

图 4-28

4. 抠出背景杂乱的图像

Step01 分析原图　在 Photoshop 中打开一张图，由于拍摄的原因，该张图的背景显得很杂乱，若只用钢笔工具抠取对象会很生硬，因此需要做进一步处理，如图 4-29 所示。

Step02 抠出对象　选择工具箱中的钢笔工具，将对象抠出，然后按快捷键 Ctrl+Enter 将路径转换为选区，如图 4-30 所示。

图 4-29

图 4-30

Step03 转换普通图层　在按住 Alt 键的同时双击“背景”图层，将其解锁转换为普通图层，得到“图层 0”图层，如图 4-31 所示。

Step04 添加蒙版　单击“图层”面板下方的“添加图层蒙版”按钮，将选区外不需要的部分进行隐藏，如图 4-32 所示。

图 4-31

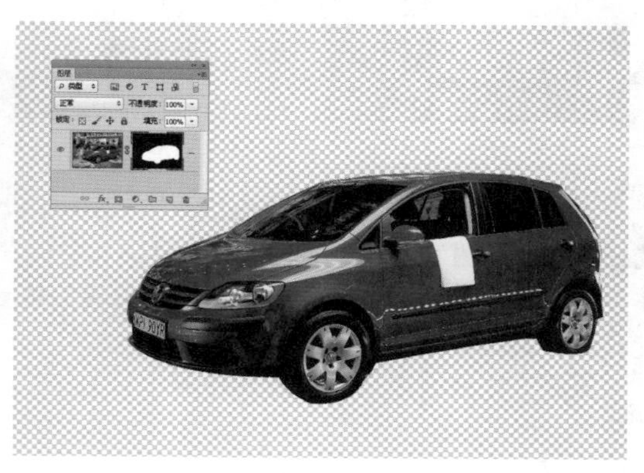

图 4-32

Step05 模糊边缘　选中图层蒙版，然后选择工具箱中的模糊工具，在对象四周的边缘处进行涂抹，如图 4-33 所示。

Step06 完成效果　在对选区处理完成后，将其移动到背景素材中，并改变大小和位置，完成效果如图 4-34 所示。

图 4-33

图 4-34

5. 抠出头发

Step01 分析原图　在 Photoshop 中打开一张图，要想很好地抠取头发的细节，前期拍摄尤其重要，如图 4-35 所示。

Step02 建立选区　选择工具箱中的钢笔工具，抠出头发部分的大致轮廓，然后按快捷键 Ctrl+Enter 路径转换为选区，如图 4-36 所示。

Step03 调整边缘　在工具箱中选择任意选区工具，右击，在弹出的快捷菜单中选择“调整边缘”命令，如图 4-37 所示。

图 4-35

图 4-36

图 4-37

Step04 进行调整　在“调整边缘”对话框中设置“视图”为“白底”，这样更容易看出抠图细节。选择“边缘检测”左侧的调整半径工具，在头发的边缘涂抹，Photoshop 将自动分离头发和背景。在得到头发的大致效果后，调整下面各滑块的位置，注意观察图像的变化，最后选择输出到“新建带有图层蒙版的图层”，如图 4-38 所示。

Step05 完成效果　完成效果如图 4-39 所示。

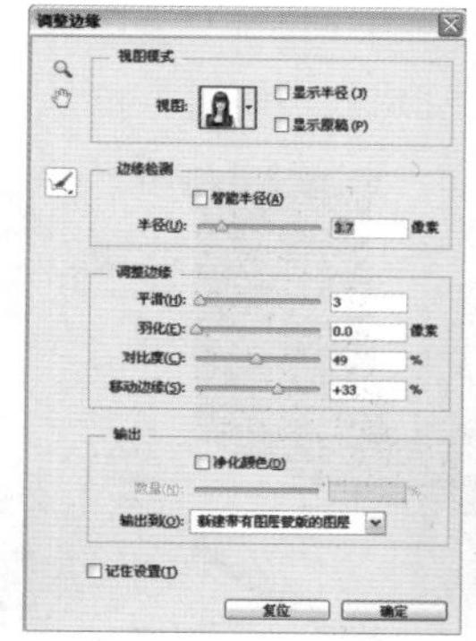

图 4-38

图 4-39

6. 与背景融合

Step01 打开文件　在 Photoshop 中打开素材文件，按住 Alt 键将“背景”图层进行解锁，转换为普通图层，得到“图层 0”图层，如图 4-40 所示。

Step02 自由变换　使用移动工具将素材移动到背景中，按快捷键 Ctrl+T，改变素材的大小和位置，然后在控制框内右击，在弹出的快捷菜单中选择“水平翻转”命令，如图 4-41 所示。

图 4-40

图 4-41

Step03 调整图层样式　双击花朵所在的图层，将弹出“图层样式”对话框，在该对话框的底部有混合颜色带，向左拖动“本图层”滑块，可以看到白色背景逐渐消失，如图 4-42 所示。

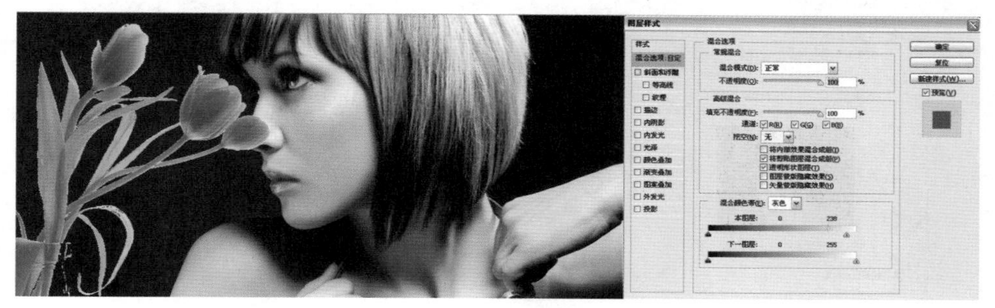

图 4-42

Step04 完成效果　观察图像，发现花朵将人物鼻子的部分遮住了，此时将“下一图层”右边的滑块向左拖动，被花朵遮住的鼻子就显现出来，完成效果如图 4-43 所示。

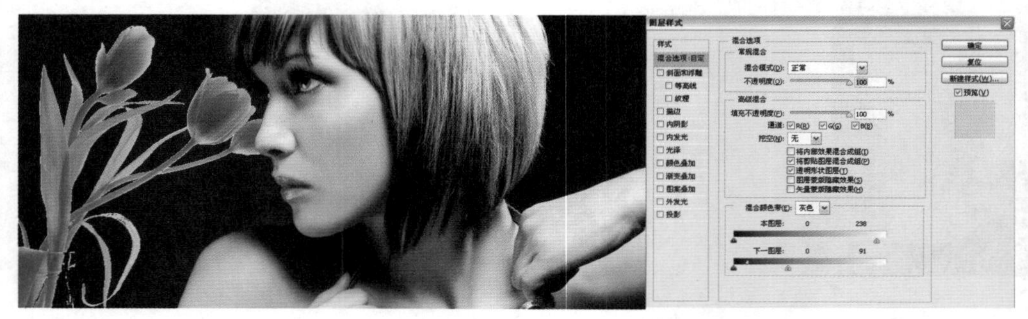

图 4-43

7. 替换大面积颜色

Step01 分析原图　在 Photoshop 中打开素材文件，发现人物衣服的颜色与背景的分界比较明显，要想替换人物衣服上的大面积色彩，可以使用“色彩范围”命令，如图 4-44 所示。

Step02 调整色彩范围　执行“选择 > 色彩范围”命令，在弹出的对话框中勾选“本地化颜色簇”复选框，然后使用吸管工具在人物的衣服上单击对颜色取样，并调整“颜色容差”值，如图 4-45 所示。

图 4-44

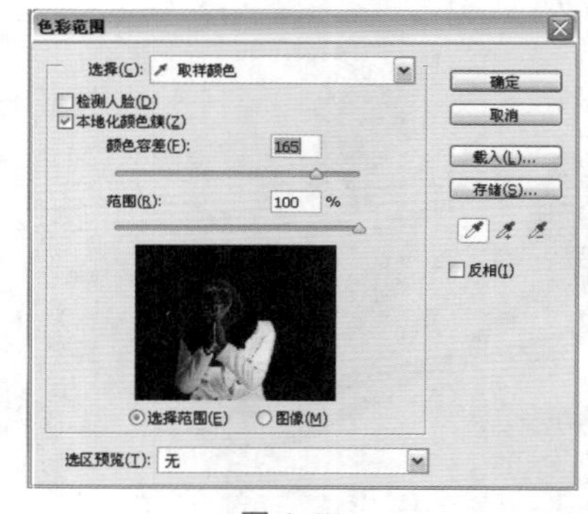

图 4-45

Step03 分离人物　按住 Alt 键在人物的面部单击，并调整“颜色容差”值，此时人物面部的白色部分变为黑色，这样人物的衣服就被单独分离出来，如图 4-46 所示。

Step04 确定选区　被选中的部分将变为白色，选取完成后单击“确定”按钮，人物衣服的大面积选区将被选中，如图 4-47 所示。

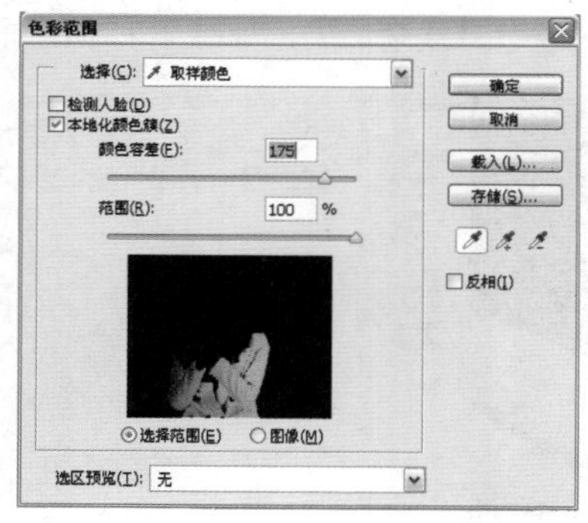

图 4-46

图 4-47

Step05 改变色调　按快捷键 Ctrl+B，或执行“图像 > 调整 > 色彩平衡”命令，在弹出的对话框中设置参数，为人物的衣服改变色调，如图 4-48 所示。

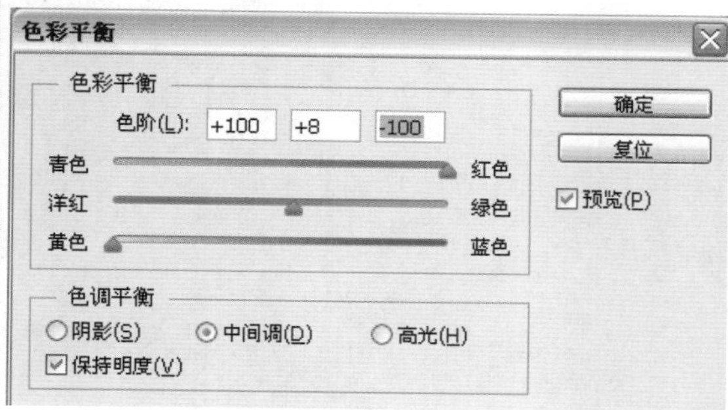

图 4-48

4.1.4　精调选区

1. 快速选择工具和“调整边缘”命令

在建立选区的时候会多次使用快速选择工具和“调整边缘”对话框，它们功能强大，且操作起来非常简单。快速选择工具如一把刷子，只要用户会用刷子，就可以熟练地使用它；在“调整边缘”对话框中只有几个设置选项，掌握起来非常方便。

Step01 分析原图　在 Photoshop 中打开一张人物照片，下面练习如何将人物从背景中抠取出来。这个例子所使用的人物照片整体看起来很不错，只是一些细节抠取时需要注意，如图 4-49 所示。

图 4-49

在Photoshop中打开素材文件的方法：

执行“文件>打开”命令或按快捷键Ctrl+O，在弹出的“打开”对话框中选择需要打开的文件，单击“确定”按钮，即可打开素材文件。

Step02 设置参数　在工具箱中选择快速选择工具，或者按 W 键，调节笔头的大小，在照片中人物的身上刷一下，即可建立选区。快速选择工具操作起来就像一支画笔，并且可以在选项栏中设置笔头的大小和硬度等参数，因此，若要选择一个很大的区域，应该使用大号画笔，这样可以节省时间。用户可以按键盘上的“}”键来切换大号画笔，并在选取的区域中使用，如图 4-50 所示。

Step03 绘制选区　快速选择工具的主要特点是“快”，因此用户应该选择大号画笔对选区进行选择，且不需要利用画笔来完成一个完整的选区。在快速选择工具的选项栏中有 3 个画笔图标——一个画笔、一个带加号的画笔、一个带减号的画笔，快速选择工具总是自动处于带加号画笔的模式，即增加模式，这象征着每次使用画笔在图像上刷取时都是添加选区，因此所刷取的区域会不断变大，如图 4-51 所示。

图 4-50

图 4-51

Step04 放大图像　选择工具箱中的放大镜工具，在人物的头发上单击，将图像放大，可以看到人物的一小部分头发没有选中，按键盘上的“{”键将笔头变小一些，在需要选取的地方进行刷取，即可将没选中的地方增加到选区，如图 4-52 所示。

图 4-52

Step05 减选选区　使用快速选择工具多选了照片中的一部分，即背景图像被选取，现在需要将多选的部分从选区中减去，按住 Alt 键，可以看到刷子中间出现了减号标志，这样在进行刷取时可以将当前的选区移除，如图 4-53 所示。

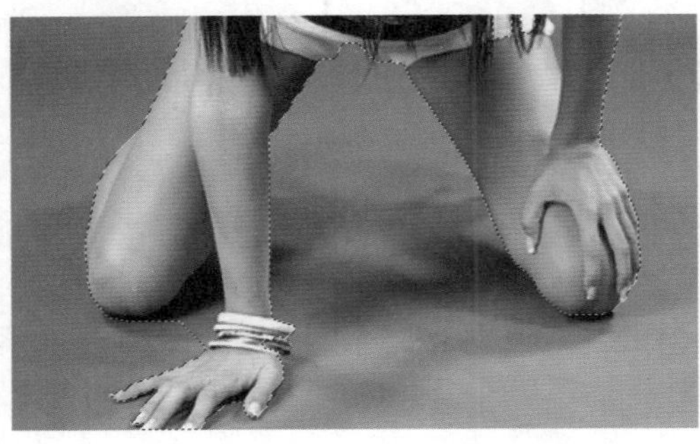

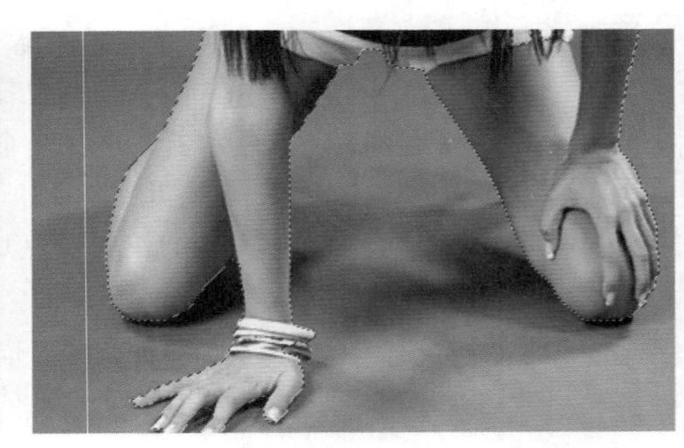

图 4-53

Step06 调整边缘　通过选取，现在已经有了一个不错的选区，但是它还不是非常理想。在使用任意选区工具在图像上建立选区后，选项栏中的“调整边缘”按钮才会变为可用状态，单击该按钮将弹出“调整边缘”对话框，如图 4-54 所示。

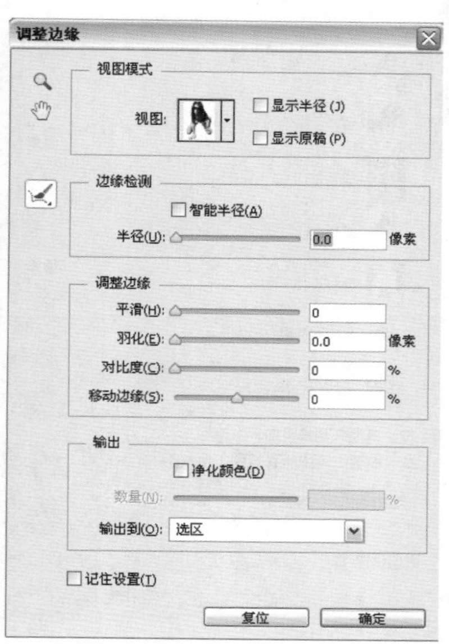

图 4-54

Step07 选择视图模式　在该对话框中选择一种视图模式，可以看到当前选区在不同背景中的效果，通常选择黑色或白色背景。在选择某种模式之前，用户需要考虑将对象放置其中的效果，一般选择与选区亮度最接近的背景。在选择一种背景时会出现一个预览，看一下对象与背景是否和谐。在这个例子中，通过对比发现白色背景下的边缘效果不错（如图 4-55 和图 4-56 所示），因此选择白色背景。

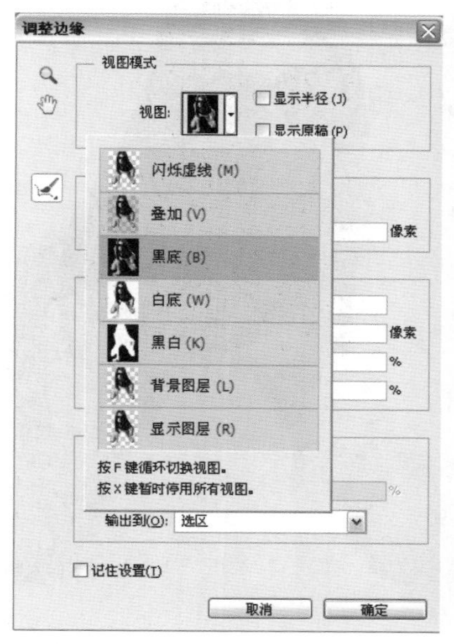

图 4-55

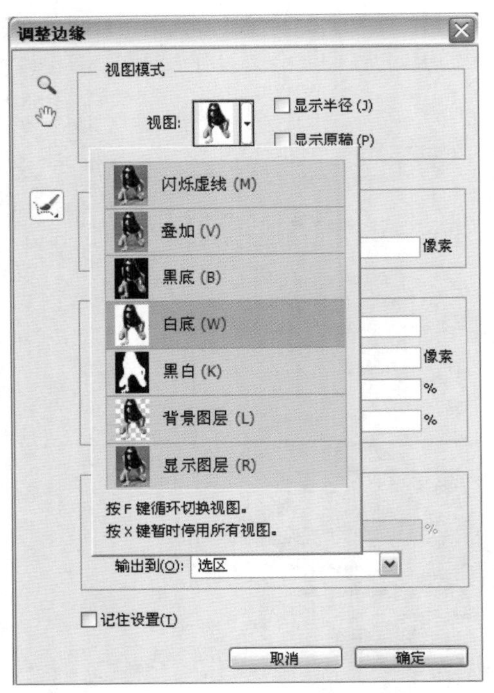

图 4-56

Step08 设置边缘半径　在选择了白色背景后，可以看到选区周围有一些锯齿状，使用“调整边缘”对话框中的“边缘检测”选项可以对这些锯齿状进行修复，该选项的功能就是自动指出选区中的哪些部分应该保留，哪些部分应该舍弃。这里增加“边缘检测”的半径，如图 4-57 所示。

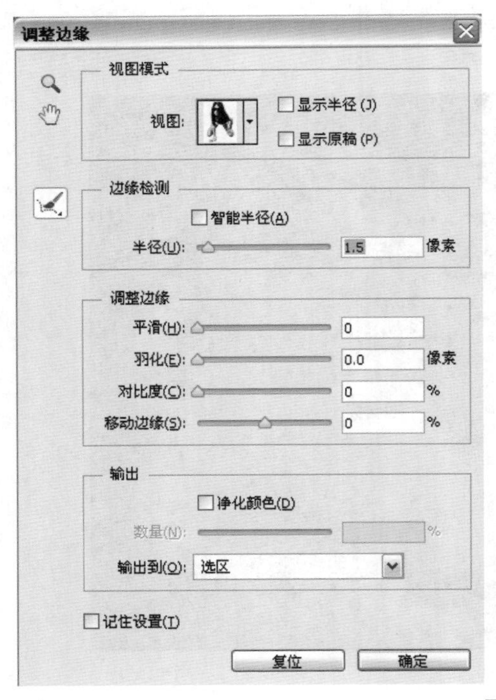

图 4-57

Step 09 显示半径 勾选“调整边缘”对话框中的“显示半径”复选框，可以预览半径设置。用户可以根据自己的需要再次调整“半径”，如果还没有看到自己想要选择的边缘，则不断增加半径值，直到得到想要的结果，如图 4-58 所示。

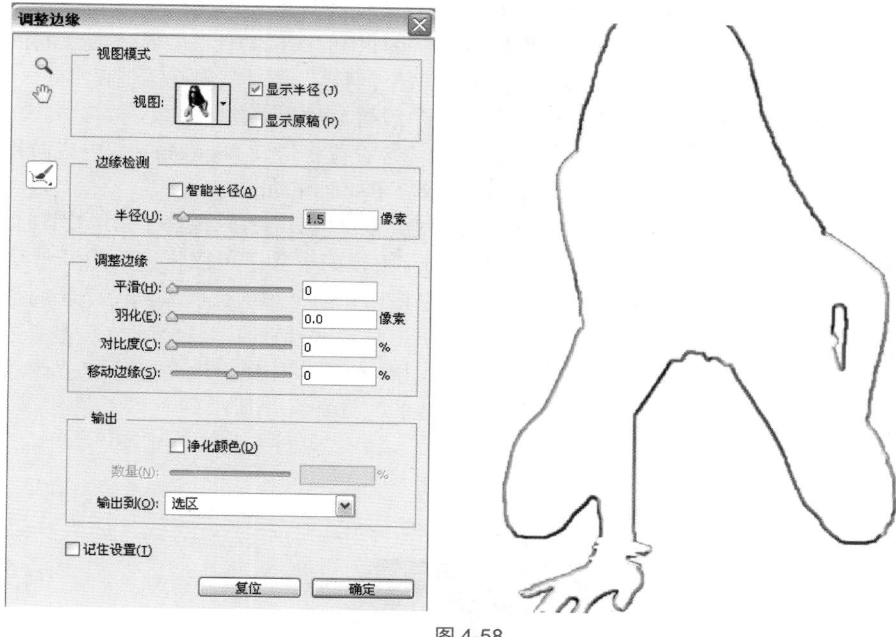

图 4-58

Step 10 智能调整选区 勾选“边缘检测”选项下的“智能半径”复选框，可以让 Photoshop 智能地调整所选区域。如果选区的边缘很锐利，半径值会自动减小，这样就不会选中多余的内容；如果检测选区边缘的一些细节，半径值会在原始选区的基础上变大一些，如图 4-59 所示。

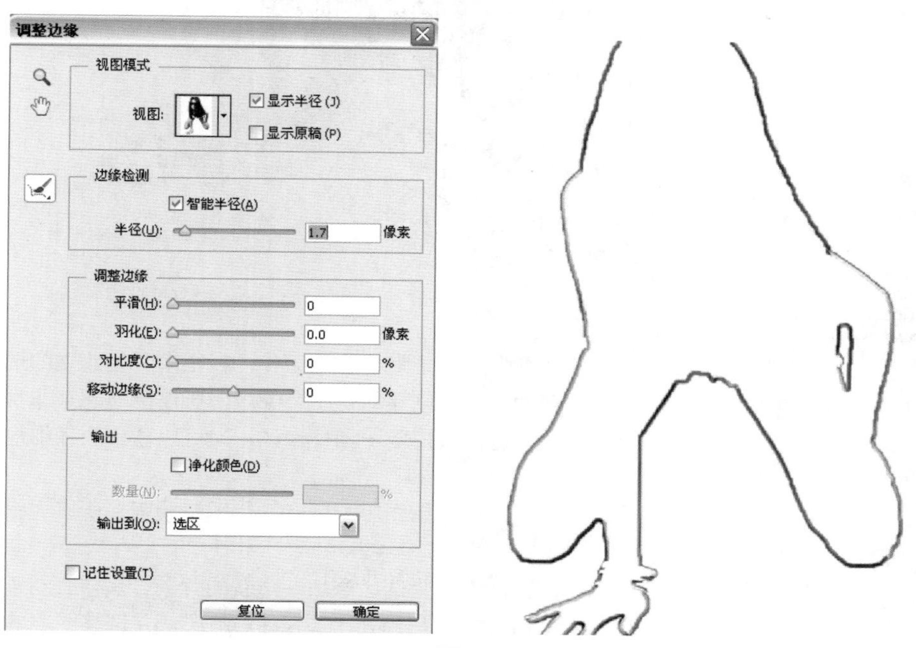

图 4-59

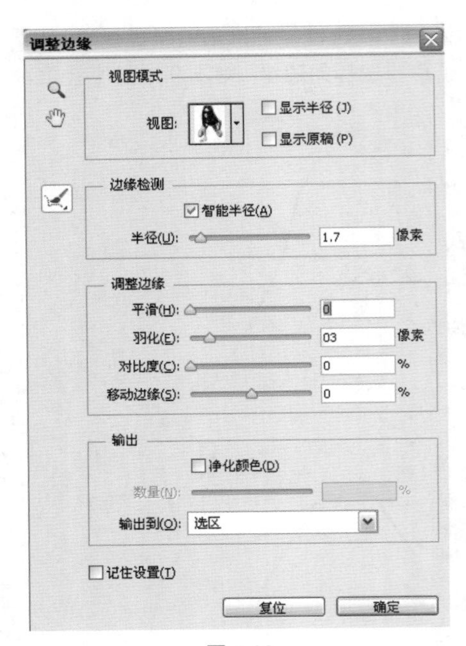

图 4-60

“平滑”用来设置边缘的锯齿，通常将它设置为 0，因为在操作时需要保留整个边缘，如果边缘有太多的锯齿，可以对该数值进行稍微调整，如图 4-60 所示。

“羽化”设置会使选区边缘变得模糊和柔软，在一般情况下，无论照片中的选区是什么，都不要让它的边缘很单薄，通过设置“羽化”值可以使选区更真实。

“对比度”设置会加强柔软的边缘。

“移动边缘”设置将告诉 Photoshop 向内或向外转变整个选区，这取决于如何移动滑块。

“净化颜色”复选框只有在对象处于彩色背景时才有用。

“输出到”下拉列表除了可以将选区的调整结果输出以外，还可以将它和一个图层蒙版放到一个新的图层上，这样有利于用户对它进行修改。从该下拉列表中选择“图层蒙版”，单击“确定”按钮，现在已经成功地将人物从背景中抠取出来，如图 4-61 所示。

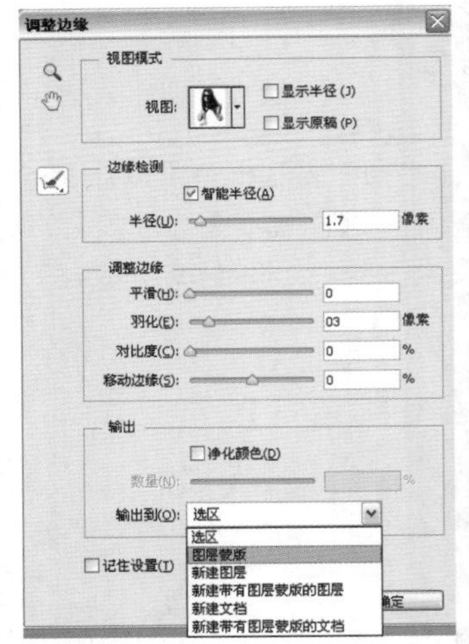

图 4-61

2. 调整选区

在前面使用“调整边缘”对话框完成了从背景中选取人物的工作。在很多时候建立的选区都非常专业，但有些还需要做一些调整。由于前面为选区创建的是图层蒙版，所以调整起来非常简单。在合成照片的工作中，图层蒙版既可以让用户返回去用刷子调整选区，又可以让用户仔细地调整细节，功能很强大。

Step 01 打开素材　因为前面完成的选区对象在原始图层上带有一个图层蒙版，所以大家看到的是一个透明的背景，如图 4-62 所示。

Step 02 新建图层　在进一步调整选区之前，首先为选区添加一个新的背景，这样有利于后面的制作。单击“图层”面板下方的“创建新图层”按钮，新建“图层 1”图层，并调整图层的顺序，然后按 D 键，将前景色和背景色恢复为默认的黑白色，再按快捷键 Ctrl+Delete 为该图层填充白色，这样对象就出现在新的背景中，如图 4-63 所示。

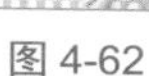

图 4-62

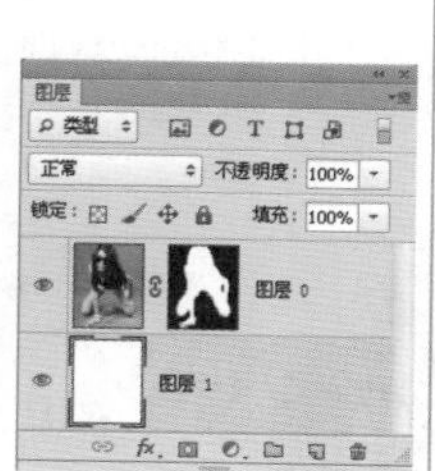

图 4-63

Step 03 选择选区　这里通过在“调整边缘”对话框中为图层添加的图层蒙版来对选区进行进一步调整，图层蒙版的工作原理是，无论图层蒙版上哪里有白色，图层上的图像都是可见的，观察图层蒙版，可以看到一个轮廓清晰的白色人物身影，基本上，在图层蒙版上显示白色的部分就是照片中被选取的对象。在按住 Ctrl 键的同时单击图层的图层蒙版缩览图，就可以调出该蒙版中的选区，如图 4-64 所示。由于暂时还不需要进行选区的操作，这里按快捷键 Ctrl+D 取消选区。

图 4-64

Step 04 缩放图像　使用缩放工具查看图像的边缘，可以发现人物的胳膊缺了一些，如图 4-65 所示。

Step 05 添加选区　现在需要将缺少的部分添加到选区，在图层蒙版中已选区域是白色。将前景色设置为白色，选择画笔工具，在胳膊上缺失的地方进行涂抹，直到将缺少的部分刷出来为止，如图 4-66 所示。

图 4-65

图 4-66

Tips

如果在刷的时候刷多了，或者不小心带回来一些背景，可以按X键互换前景色和背景色，然后使用画笔工具在需要刷取的地方进行涂抹，这样就可以将其去除。

图 4-67

Step06 观察图像　将图像放大，查看人物的边缘，发现边缘处很暗而且很模糊，要将其进行修复，必须先将选区选取出来，在按住 Ctrl 键的同时单击图层的图层蒙版缩览图，选择该图层的选区，如图 4-67 所示。

Step07 复制选区　在将选区调出来以后，按快捷键 Ctrl+J 对选区进行复制。单击“图层 0”图层前面的“指示图层可见性”图标，将该图层进行隐藏，可以看到对象从单独图层上的背景中抠取出来，如图 4-68 所示。

Step08 去边处理　执行“图层 > 修边 > 去边”命令，在弹出的“去边”对话框中设置“宽度”为 1 像素，单击“确定”按钮，可以看到模糊的边缘消失了，如图 4-69 所示。

图 4-68

图 4-69

3. 抠取头发

在把一个人从一个背景转移到另一个背景的过程中如何才能让她的头发也保持完整？如果大家完成了前面的教程，则已经知道了其中的很多技巧，接下来再介绍一个小工具专门用来抠取头发。

Step01 分析原图　在 Photoshop 中打开一张人物照片，下面将练习如何抠取人物的头发。在这个例子所使用的照片中，人物衣服的边缘还算整齐，但头发有些麻烦，如图 4-70 所示。

Step02 建立选区　选择工具箱中的快速选择工具选取人物整体，在建立选区的过程中，越接近边缘越好，大家不必担心头发的选取，尽量接近即可，在这一步中不需要精细地调整头发的边缘，如图 4-71 所示。

图 4-70

图 4-71

Step03 选择视图模式　在选区建立完成后，单击选项栏中的“调整边缘”按钮，打开“调整边缘”对话框，在“视图”下拉列表中选择“白底”，为选区添加白色背景，如图 4-72 所示。

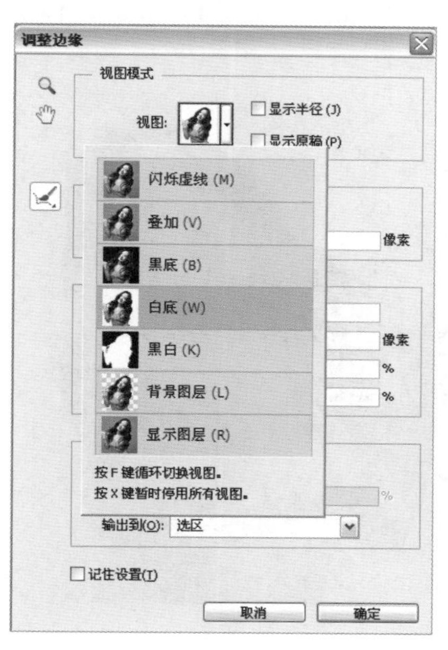

图 4-72

Step04 调整半径　将“半径”值调整为 15 像素，立刻就能看到图像中的头发有了明显的改善。放大人物的头部区域，按 P 键看看原始选区，再按 P 键看看当前选区，可以发现虽然只是稍微调整了一下，但是已经获得了较多的头发细节，如图 4-73 所示。

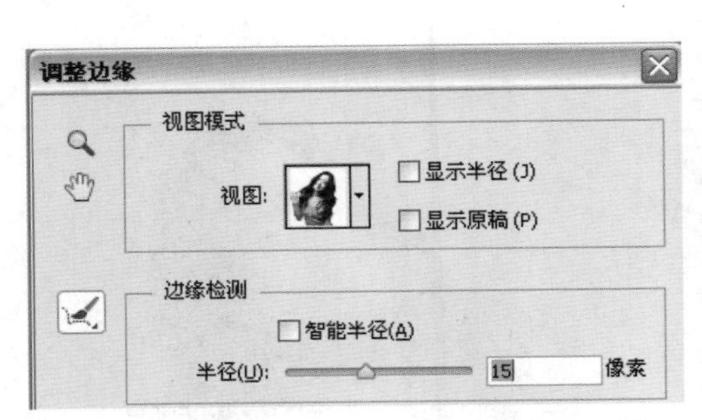

图 4-73

图 4-74

Step05 边缘检测　注意看人物头发的边缘，大家还可以看到一些背景中的蓝色，这里需要使用调整半径工具（位于“边缘检测”的左侧）在头发边缘不完善的地方进行涂抹，在涂抹的过程中将显示出原始背景，释放鼠标左键，可以看到 Photoshop 从背景中选取出头发，如图 4-74 所示。

Step06 抠取人物　从“调整边缘”对话框的“输出到”下拉列表中选择“图层蒙版”，单击“确定”按钮，可以利用图层蒙版将人物从背景中抠取出来，如图 4-75 所示。

图 4-75

Step07 自由变换　打开背景图片，使用工具箱中的移动工具将从照片中选取出的人物拖曳到新的背景中，然后按快捷键 Ctrl+T 执行自由变换操作（按住 Shift 键同时单击四角的控制柄向内拖动可缩小图像），如图 4-76 所示。

Step08 完成效果　按 Enter 键确认操作，如图 4-77 所示。

图 4-76

图 4-77

4. 精修边缘

有些图像由于使用明亮的背景会产生一些问题需要处理。大家或许还记得，在介绍“调整边缘”对话框时预览了将选区放置在黑色背景中的情形，此时根本看不到原始背景。若是将人物放置在比较暗的背景上，大家就不会再纠结边缘的问题。但是在大多数情况下并不是这样的，所以下面学习一些调整头发边缘的技巧。

方法 1　使用“内发光”图层样式

Step01 打开“图层样式”对话框　使用“内发光”图层样式是调整头发边缘的首选方法。单击“图层”面板下方的“添加图层样式”按钮 fx，在弹出的下拉菜单中选择“内发光”命令，这时会弹出“图层样式”对话框，如图 4-78 所示。

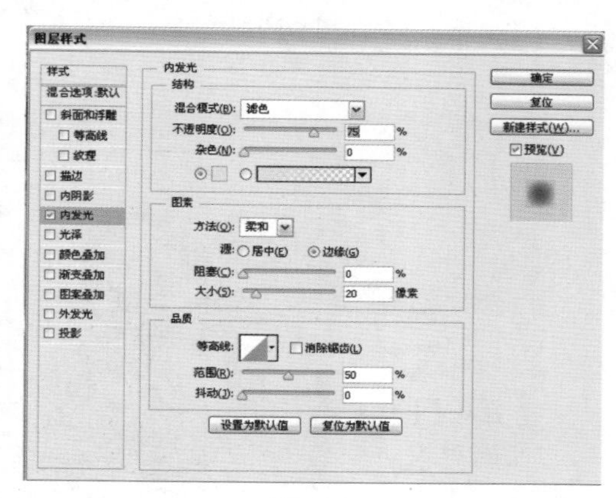

图 4-78

Step02 设置发光颜色　在“图层样式”对话框中单击“设置发光颜色”按钮，弹出“拾色器”对话框，使用吸管工具吸取头发中最接近整体颜色的区域，单击“确定”按钮关闭“拾色器”对话框，然后调节“内发光”图层样式的各项参数，单击“确定”按钮，如图 4-79 所示。

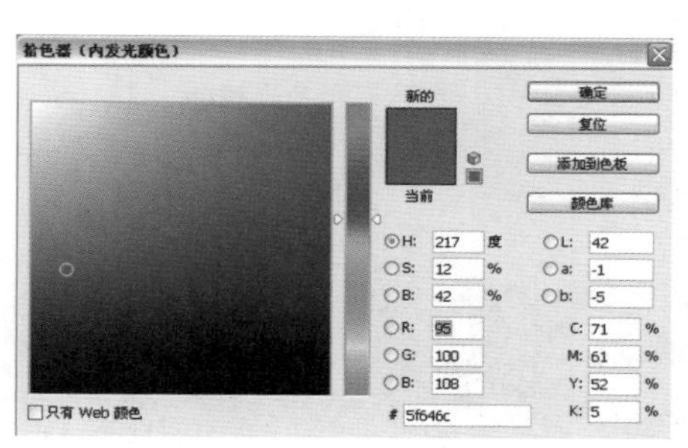

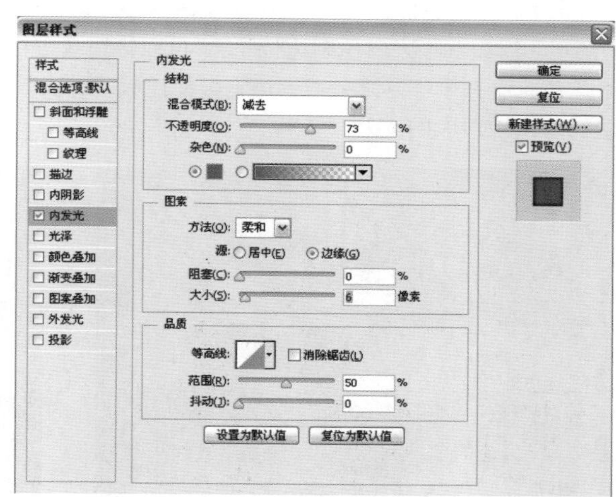

图 4-79

Step03 添加内发光效果　可以看到人物发丝边缘的瑕疵已经修复，但是内发光效果应用于整幅照片，人物的身体也跟着发光了。如果不需要整幅照片都有内发光效果，大家可以根据自己的意愿将内发光效果从区域中移走。执行“图层 > 图层样式 > 创建图层”命令，可以将特效应用于自己的图层，如图 4-80 所示。

Step04 添加蒙版　单击新图层使其处于激活状态，然后单击“图层”面板下方的“添加图层蒙版”按钮，为其添加图层蒙版。选择画笔工具，设置前景色为黑色，在不想应用内发光效果的地方进行涂抹，可以将内发光效果去除，如图 4-81 所示。

图 4-80

图 4-81

图 4-82

方法 2 使用“修边”命令

Step01 选择选区　另一个调整模糊边缘的方法是使用“图层”菜单中的“修边”命令，在按住 Ctrl 键的同时单击图层的图层蒙版缩览图，选择该图层的选区，如图 4-82 所示。

Step02 复制选区　在将选区调出来以后，按快捷键 Ctrl+J 对选区进行复制，然后单击“图层 1”图层前面的“指示图层可见性”图标，将该图层进行隐藏，可以看到对象从单独图层上的背景中抠取出来，如图 4-83 所示。

Step03 去掉杂边　选择“图层 2”图层，执行“图层 > 修边 > 移去白色杂边”命令，可以将边缘进行修复，有时候效果会非常棒，如图 4-84 所示。但是该命令有两个不足之处：一是它会使比较暗的头发边缘变得明亮；二是它会使边缘呈现锯齿状，并且局部出现很大的反差。

图 4-83

图 4-84

方法 3 使用减淡工具和加深工具

Step01 调整发丝的边缘　减淡工具和加深工具也是 Photoshop 中经常会用到的工具，它们不适合调整整个头发，但非常适合调整零碎的头发。在当前实例中，人物的头发是黑色的，所以需要将人物发丝边缘的地方暗下来。选择工具箱中的加深工具，在选项栏中将“范围”设置为“中间调”，将“曝光度”设置为“10%”，并勾选“保护色调”复选框，如图 4-85 所示。

图 4-85

Step02 进行涂抹　沿着头发边缘在蒙版上进行涂抹，每涂抹一次它就会变得更暗。相反，如果想将较暗的区域变亮，则选择工具箱中的减淡工具进行涂抹，并使用和上面相同的设置，如图 4-86 所示。

图 4-86

4.1.5　抠图总结

用户在抠图时需要注意以下几点：

（1）不要为了抠图而抠图，虽然网络上有很多高级抠图教程，例如通道、计算等，但大家在刚开始使用Photoshop完成抠图工作时，最好使用钢笔工具完成抠图。

（2）观察图片能抠的抠，不好抠的应该优先考虑换图。

（3）时间就是金钱，尽可能做好前期拍摄，如果没有特别要求，尽可能在简单的背景下进行拍摄。一些简易的拍摄道具能够有效地提高图片质量，并且不需要投入太多成本，例如在拍摄静物时使用柔光箱，在纯色背景下进行拍摄，如图 4-87 所示。

图 4-87

图 4-88

（4）需要经常抠图的朋友最好买一个手绘板（如图 4-88 所示），用手绘板抠图比用鼠标抠图更精细、更方便。

（5）如果有需要，也可以使用第三方的 Photoshop 插件进行抠图，例如 KnockOut。

4.2 修图

在 Photoshop 中修图主要是针对人物，当打开一张人物照片时，首先应该观察人物照片的整体效果，然后考虑从哪方面入手进行修图，比如修整体形、修复人物面部的瑕疵、改变色调、刻画五官等。

4.2.1 修形

1. 完美体形的比例

全身形体：人体完美的上下身比例约为 5∶8（见图 4-89 中的左图），女性可以约为 5∶9，腿长所占的比例稍大一些，会让人物整体的身形显得修长。一般来说，大多数普通人的形体达不到这个标准（见图 4-89 中的右图），也许是因为拍摄角度的问题，让人物看起来有点矮、胖，感觉人物的上下身比例不够协调，这样的照片就需要在 Photoshop 中进行调整，以得到完美的体形。

图 4-89

胳膊 + 腰 + 腿：人物的胳膊要纤细，腰部要瘦，腿部要修长且腿部肌肉匀称，从而形成一致的线条感。

对于初学者来说，通常不容易发现照片存在的问题，这就需要通过多看模特的图片来观察什么是好的形体，只有多看、多观察，自己心里才能有一个衡量标准，这样对于一张到手的图片才可以发现问题，从而运用 Photoshop 来解决，如图 4-90 所示。

图 4-90

面部结构：在东方人的眼中，完美的面部结构是呈倒“丰”字形的，脸部自上而下由宽变窄，人物的脸型五官对称，俗称“瓜子脸”（见图 4-91 中的左图）。事实上，不是所有人的脸型都是瓜子脸，人们的五官或多或少会存在不完美的地方（见图 4-91 中的右图），因此需要通过后期处理来调整脸型，使其看起来更加美观。

图 4-91

2. 常用的修形工具

自由变换：在对照片进行整体修形的时候经常会用到“自由变换”命令，使用该命令可以对图片进行缩放、旋转、斜切、扭曲、透视和变形等操作。一般情况下，在对人物照片进行调整时最常用的命令是“变换”子菜单中的缩放、透视和变形。如图 4-92 所示，左图为素材图，中图为选择“自由变换”命令，右图为“变换”子菜单。

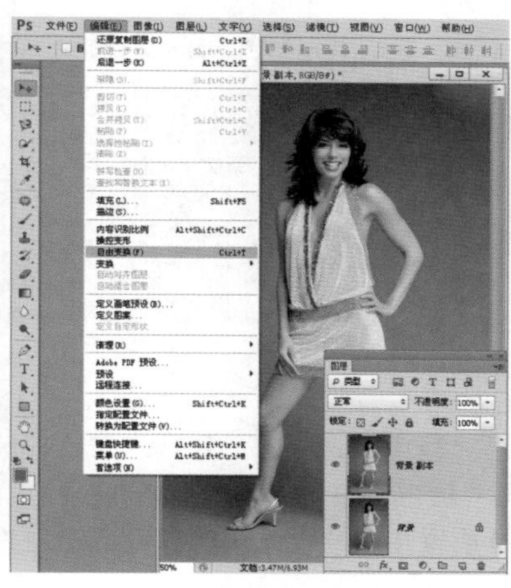

图 4-92

液化：在需要调整人物面部或者其他部位的细节时，经常使用“液化”命令，如图 4-93 所示。选择该命令后，在弹出的对话框中使用向前变形工具、褶皱工具和膨胀工具对该照片的细节进行调整。

图 4-93

3. 解决形体问题

全身修形：在 Photoshop 中打开一张照片，观察人物的整体体形，根据人物的上下身比例来判断，发现人物的腿部不够修长，且腿部肌肉不匀称，使人物看起来有点矮、胖；人物的腰部比较厚实，没有腰部曲线，且发型有细微不整齐的地方。接下来对这些问题进行调整。

Step01 打开文件并复制图层　在 Photoshop 中打开素材文件，拖曳“背景”图层至“图层”面板下方的“创建新图层”按钮上，可以新建“背景 副本”图层，如图 4-94 所示。

原图

图 4-94

Step02 自由变换　执行“编辑 > 自由变换”命令，在人物图像的周围会出现控制框，在控制框内右击，在弹出的快捷菜单中选择“透视”命令，这样调整可以使人物的身材挺拔，如图 4-95 所示。

Step03 拖曳鼠标　将鼠标指针放置在图片右上角的锚点部位，按住鼠标左键不放向左进行拖曳，如图 4-96 所示。

Step04 合并图层　按 Enter 键确认操作，在图层中右击，在弹出的快捷菜单中选择“合并可见图层”命令，如图 4-97 所示。

图 4-95

图 4-96

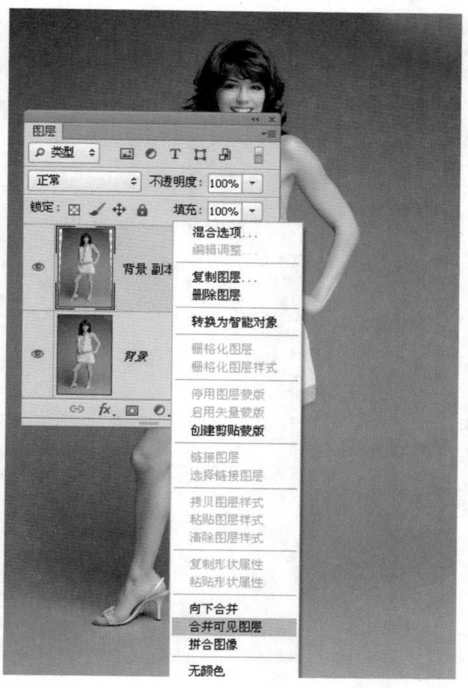

图 4-97

Step05 建立选区　选择工具箱中的矩形选框工具，在图像上框选人物的腿部，如图 4-98 所示。

Step06 自由变换　在图像中右击，在弹出的快捷菜单中选择“自由变换”命令，如图 4-99 所示。

图 4-98

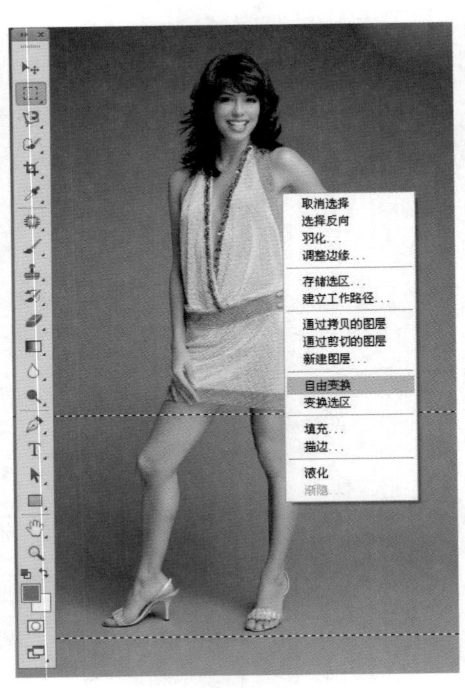

图 4-99

Step07 拉伸腿部　将鼠标指针放置在图片下方中间锚点的位置向下进行拖曳，将人物的腿部拉长，如图 4-100 所示。

Step08 确认操作　按 Enter 键完成拉长腿部的操作，按快捷键 Ctrl+D 取消选区，如图 4-101 所示。

图 4-100

图 4-101

Step09 建立选区并自由变换　再次选择矩形选框工具，在图像上建立选区，然后右击，在弹出的快捷菜单中选择“自由变换”命令，如图 4-102 所示。

Step10 变形　在控制框内再次右击，在弹出的快捷菜单中选择“变形”命令，如图 4-103 所示。

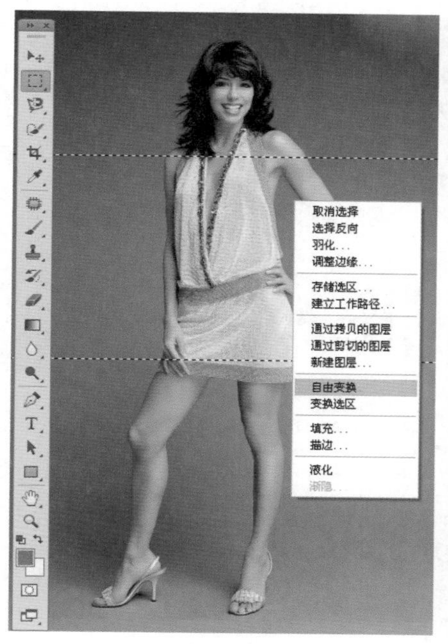

图 4-102

图 4-103

Step11 还原腰部曲线　将鼠标指针放置在图片第 3 条竖线的位置，按住鼠标左键轻轻向前推动，还原腰部曲线，如图 4-104 所示。

Step12 确认变形　按 Enter 键确认人物腰部变形的操作，使人物的腰显现出来，如图 4-105 所示。

图 4-104

图 4-105

Step 13 液化调整　执行“滤镜 > 液化”命令，选择工具箱中的缩放工具，框选人物的上半身放大，然后选择向前变形工具，在右侧面板中设置画笔的各项属性，在人物的胳膊、腰部和大腿部位进行推动，并对其上下位置进行调整，这样会使效果看起来更加自然，如图 4-106 所示。

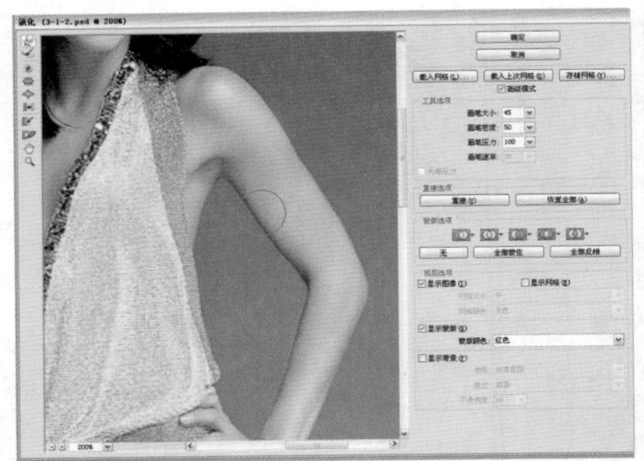

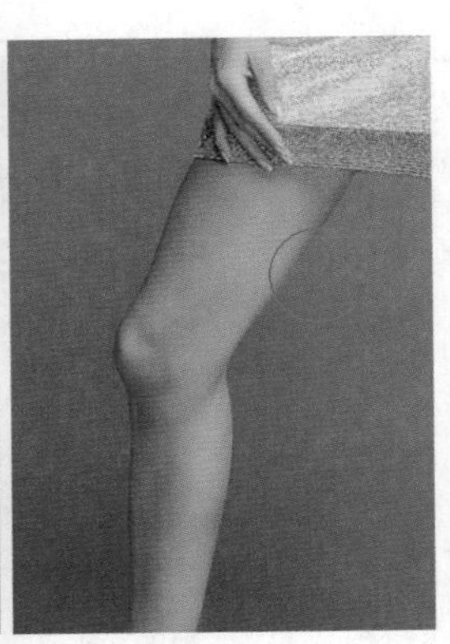
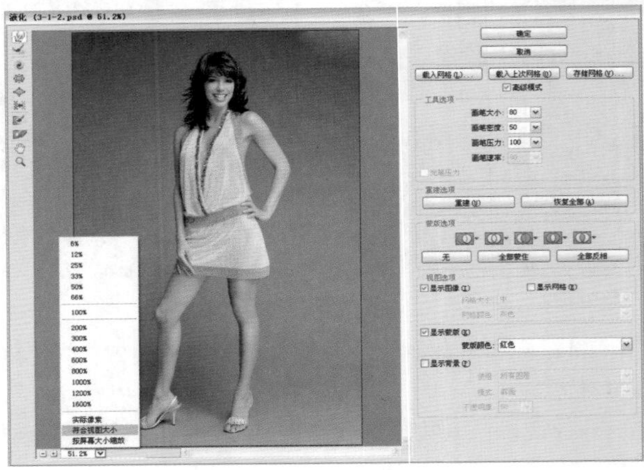

图 4-106

Step 14 观看调整效果　在对图像进行调整后，单击“液化”对话框左下角的三角按钮，在弹出的下拉列表中选择“符合视图大小”选项，查看调整后的效果，如果有不满意的地方，可以再次选择向前变形工具对图像进行调整，如图 4-107 所示。

图 4-107

胳膊：在 Photoshop 中打开一张照片，分析原图，该图片为半身人像的侧面照，人物的胳膊弯曲，将手置于肩膀处，使得上臂和下臂的肌肉挤压，造成人物关节部分粗壮，照片不美观，因此需要进行调整。

Step 01 打开文件　在 Photoshop 中打开素材文件，观察人物的左胳膊，可以看到图片中人物的左胳膊有些粗壮，如图 4-108 所示。

Step02 建立选区 选择工具箱中的套索工具，在图像上拖曳，将人物的左胳膊上需要调整的部位建立为选区，并将左胳膊周围的环境圈住，如图 4-109 所示。

图 4-108

图 4-109

Step03 羽化选区 右击，在弹出的快捷菜单中选择“羽化”命令，设置“羽化半径”为 20 像素，单击“确定”按钮，如图 4-110 所示。

Step04 自由变换 按快捷键 Ctrl+J 复制图层，得到“图层 1”图层，然后按快捷键 Ctrl+T，执行“自由变换”命令，如图 4-111 所示。

图 4-110

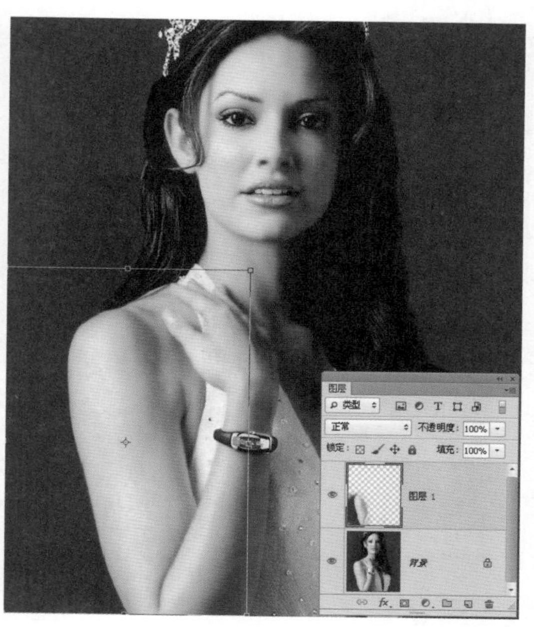

图 4-111

Step05 变形操作　右击，在弹出的快捷菜单中选择“变形”命令，然后按住鼠标左键不放轻轻推动控制点。按 Enter 键确认操作，完成调整胳膊的步骤，如图 4-112 所示。

Step06 液化调整　合并图层，得到“背景”图层，然后执行“滤镜 > 液化”命令，对人物的左胳膊做进一步调整，如图 4-113 所示。

图 4-112

图 4-113

Step07 调整胳膊　在“液化”对话框中选择工具箱中的向前变形工具，在人物的胳膊处轻轻推移，对其进行调整，如图 4-114 所示。

Step08 完成效果　完成效果如图 4-115 所示。

图 4-114

图 4-115

脸型：在 Photoshop 中打开一张照片，分析原图，这是一张人物脸部的特写，在照片中可以明显看出左右脸型不一致，右脸稍微胖一些，这是因为人在微笑时脸部肌肉上扬造成的，所以需要进行适当的调整。

Step01 打开文件　在 Photoshop 中打开素材文件，准备对该人物照片的脸型进行调整，如图 4-116 所示。

Step02 建立选区　选择工具箱中的套索工具，在图像上拖曳将人物的右脸部分建立为选区，如图 4-117 所示。

图 4-116

图 4-117

Step03 复制选区　按快捷键 Ctrl+J，将选区进行复制，得到“图层 1”图层，如图 4-118 所示。

Step04 自由变换　按快捷键 Ctrl+T，执行“自由变换”命令，然后右击，在弹出的快捷菜单中选择“变形”命令，如图 4-119 所示。

图 4-118

图 4-119

Step05 调整脸型　将鼠标指针放置在第二条竖线的位置，轻轻向右拉动，改变人物的脸型，如图 4-120 所示。

Step06 合并图层　按 Enter 键确认操作，然后按住 Shift 键将图层全部选中，右击，在弹出的快捷菜单中选择“合并图层”命令，如图 4-121 所示。

图 4-120

图 4-121

Step07 调整脸部曲线　执行“滤镜 > 液化”命令调整人物脸部的曲线，然后单击“确定”按钮完成效果，如图 4-122 所示。

图 4-122

五官 - 眼睛：在 Photoshop 中打开一张照片，分析原图，这是一张人物脸部的特写。大家在拍半身或特写时首先注意到的就是眼睛，素材图中人物的眼睛不够大，而且眼睛里面布满血丝，可以通到消除血丝、加强眼白和眼球的对比来提亮眼睛，使眼睛看起来清澈、明亮。

Step01 打开文件并复制图层　在 Photoshop 中打开素材文件，观察模特的眼睛，发现眼睛偏小，且布满血丝，下面对其进行修复。按快捷键 Ctrl+J 复制“背景”图层，得到“图层 1”图层，如图 4-123 所示。

Step02 绘制选区　选择工具箱中的套索工具，在图像上方显示的套索工具的选项栏中单击“添加到选区”按钮，然后在图像上绘制选区，将人物的眼睛部分建立为选区，如图 4-124 所示。

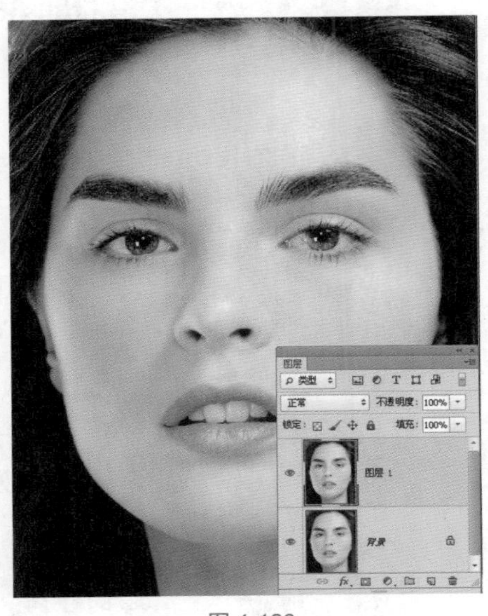

图 4-123

图 4-124

Step03 羽化选区　右击，在弹出的快捷菜单中选择“羽化”命令，设置“羽化半径”为 10 像素，如图 4-125 所示。

Step04 复制选区　按快捷键 Ctrl+J 复制选区，得到“图层 2”图层，如图 4-126 所示。

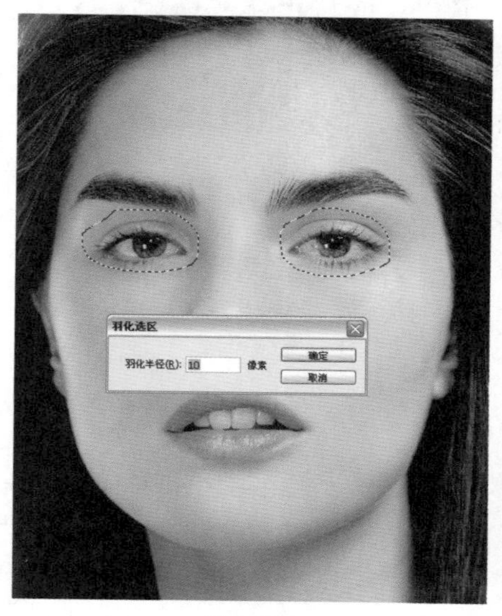

图 4-125

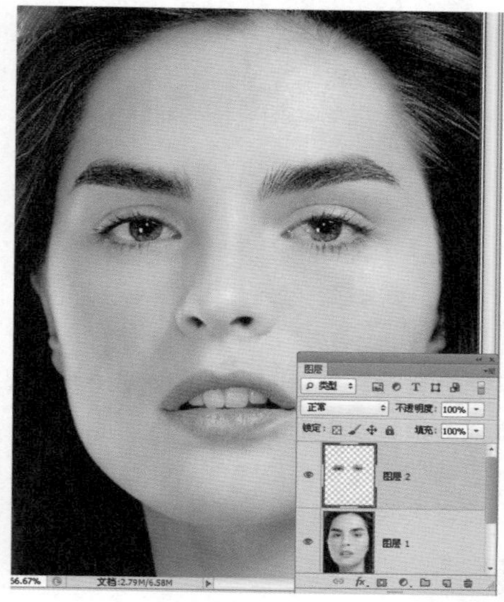

图 4-126

Step05 自由变换　按快捷键 Ctrl+T 自由变换，将鼠标指针放到右上角的锚点位置，然后按快捷键 Alt+Shift 自中心等比例放大，让眼睛看起来大一些，如图 4-127 所示。

Step06 合并图层　将眼睛放大到合适的比例，按 Enter 键确认操作，然后按 Shift 键将“图层 1”图层和“图层 2”图层选中，按快捷键 Ctrl+E 向下合并图层，得到“图层 2”，如图 4-128 所示。

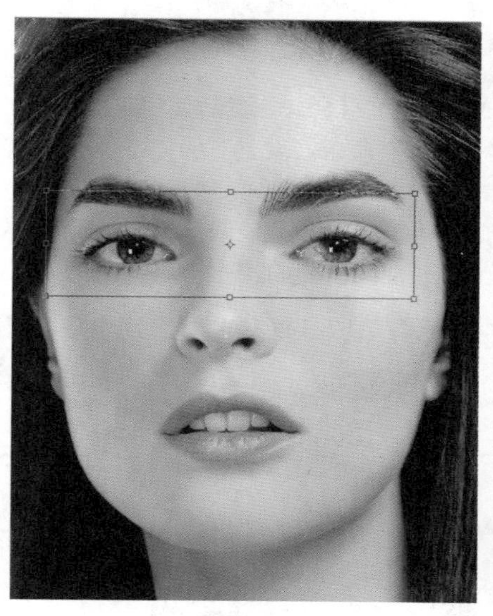

图 4-127

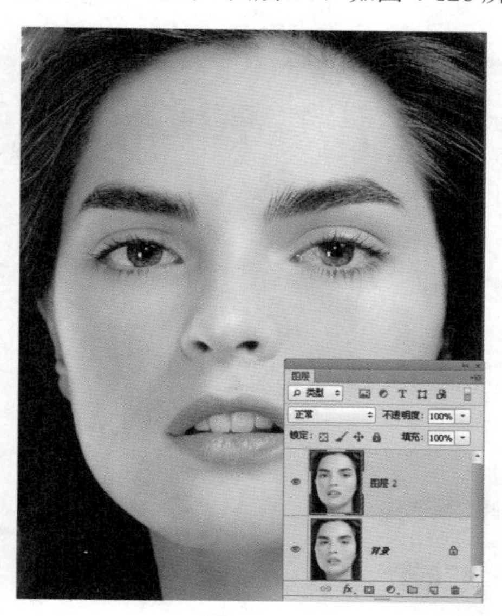

图 4-128

Step07 取样　单击“图层”面板下方的“创建新图层”按钮，得到“图层 3”图层，然后选择工具箱中的仿制图章工具，在按住 Alt 键的同时在人物眼部没有血丝的地方单击进行取样，如图 4-129 所示。

Step08 去除血丝　单击有血丝的地方将血丝去除，如图 4-130 所示。

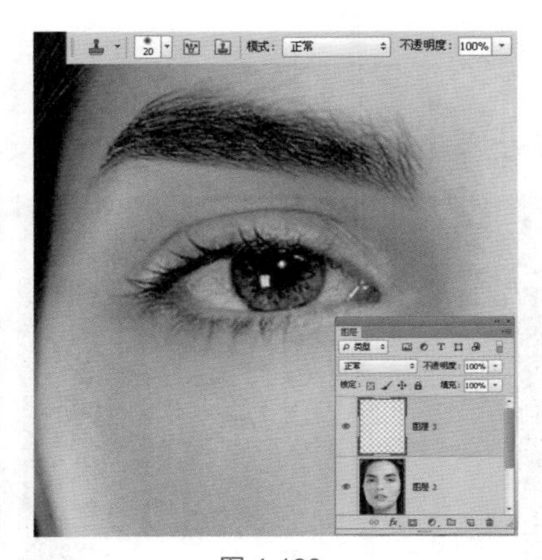

图 4-129

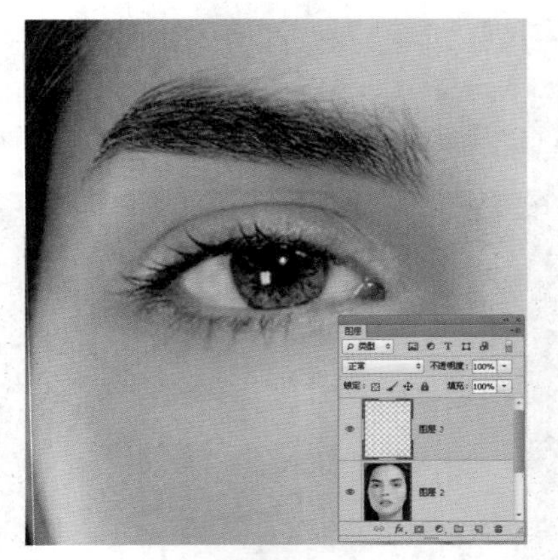

图 4-130

Step09 观察对比　现在将右眼的血丝都去除掉了，可以将图像放小一些，做一下对比，看看效果，可以明显地看到变化，如图 4-131 所示。

Step10 去除左眼的血丝　使用同样的方法，先进行取样，然后在左眼中有血丝的地方单击，将左眼中的血丝去除，如图 4-132 所示。

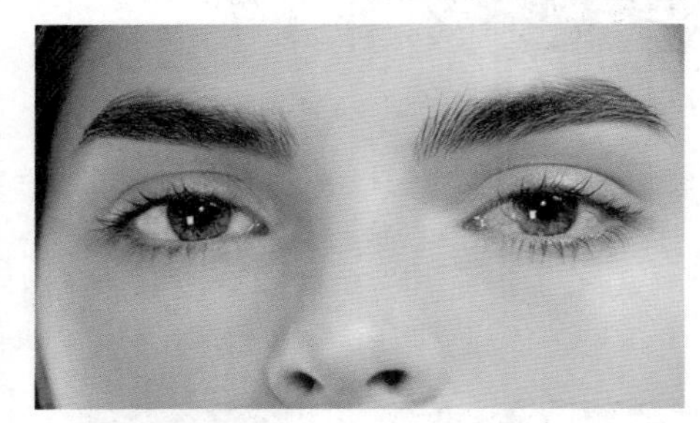

图 4-131

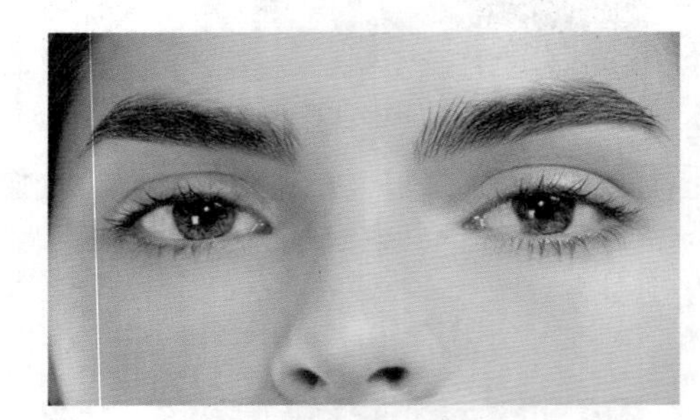

图 4-132

Step11 羽化选区　将“图层 2”图层和“图层 3”图层进行合并，然后使用工具箱中的套索工具圈选眼球部分，右击，在弹出的快捷菜单中选择“羽化”命令，设置“羽化半径”为 10 像素，如图 4-133 所示。

Step12 加强眼球的对比　单击“图层”面板下方的“创建新的填充或调整图层”按钮，在弹出的下拉菜单中选择“曲线”命令，打开“曲线”属性面板，调整曲线，加强眼球的对比，如图 4-134 所示。

图 4-133

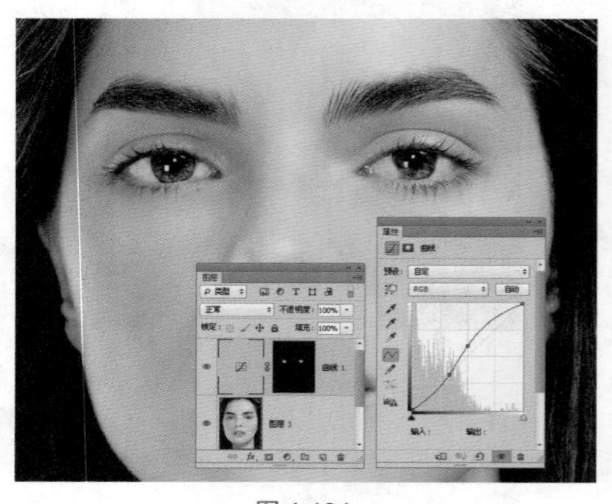

图 4-134

Step13 建立选区并羽化　将“图层 3”图层选中，然后使用工具箱中的快速选择工具将人物的眼白部分建立为选区，设置羽化半径为 10 像素，如图 4-135 所示。

Step14 提亮眼白　单击“图层”面板下方的“创建新的填充或调整图层”按钮，在弹出的下拉菜单中选择“曲线”命令，打开“曲线”属性面板，通过调整曲线提亮眼白，如图 4-136 所示。

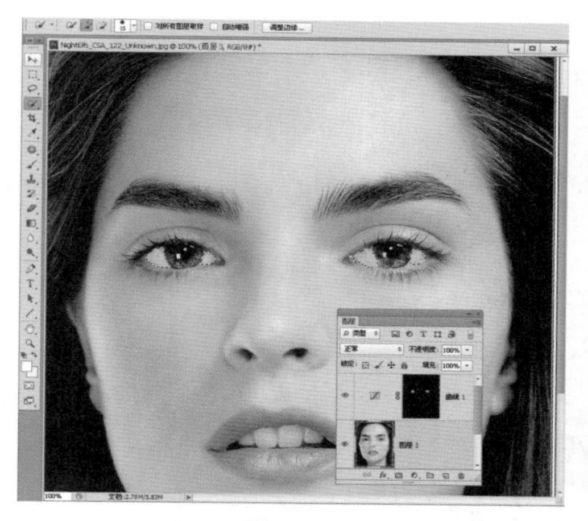

图 4-135

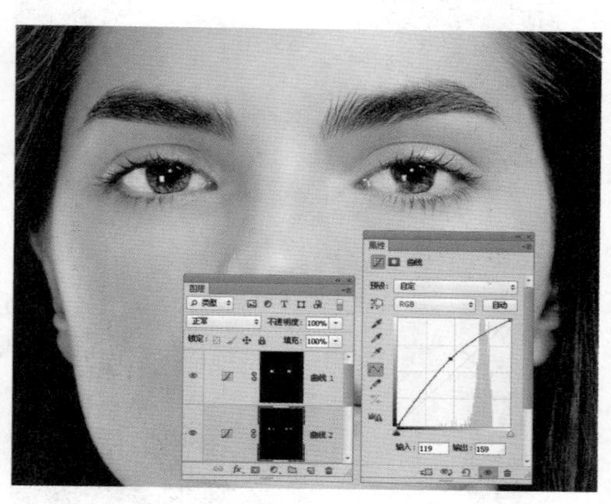

图 4-136

Step15 完成效果　完成效果如图 4-137 所示。

图 4-137

Tips

在本实例的制作过程中反复地执行“羽化”命令，其中羽化半径的设定决定了选区的精确度，羽化半径越大，选区的边线越柔和。在合成图像时，边线内侧和外侧都会应用到“羽化”命令。

五官 - 眉毛：在 Photoshop 中打开一张照片，分析原图，发现人物的整体感觉很棒，美中不足的是人物的眉毛，右边的眉毛不够浓密，有多处稀疏、空缺，显得不流畅，需要通过后期修图进行完善。

Step01 打开文件并复制背景　在 Photoshop 中打开素材文件，下面对人物右边的眉毛进行调整。按快捷键 Ctrl+J 复制图层，得到“图层 1”图层，如图 4-138 所示。

Step02 取样　新建“图层 2”图层，使用工具箱中的仿制图章工具将“图层 1”图层选中，然后采取就近原则，在按住 Alt 键的同时在好的眉毛上单击进行取样，如图 4-139 所示。

图 4-138

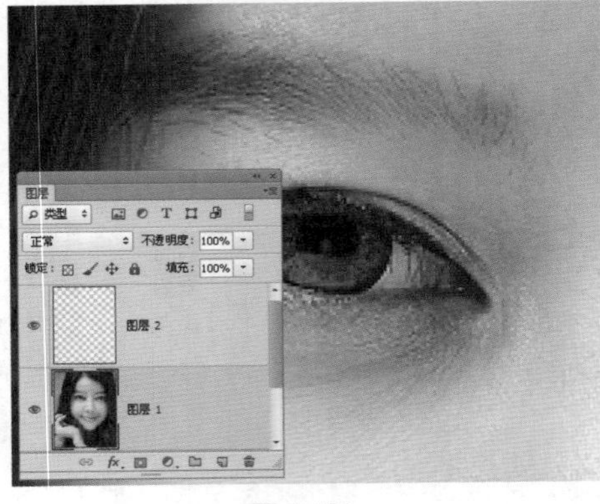

图 4-139

Step03 修复眉毛　完成取样后，在眉毛处有缺陷的地方单击进行修复，在修复的过程中应该顺着眉毛的走势来填补不好的地方，然后使用同样的方法不断取样，填补眉毛稀疏的地方，如图 4-140 所示。

Step04 加深眉毛的颜色　选择工具箱中的加深工具，在图像上方的选项栏中设置参数，然后在眉毛处进行涂抹，使眉毛看起来浓且黑，如图 4-141 所示。注意在涂抹的时候不要在一处反复涂抹，以避免造成深浅不一、不均匀。

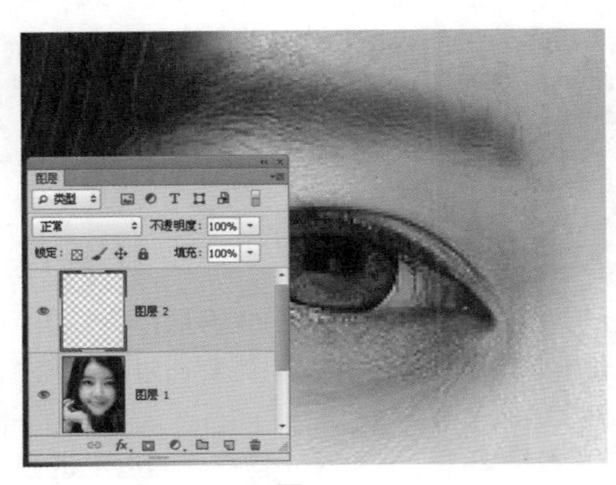

图 4-140

图 4-141

五官 - 鼻子：在 Photoshop 中打开一张照片，分析原图，发现人物的鼻子略微偏大，鼻梁曲线不够，鼻孔也有些偏大，鼻头有些扁平，影响了整体的视觉效果，需要进行后期调整。

Step01 打开文件　打开素材文件，复制图层，得到“图层 1”图层，如图 4-142 所示。

Step02 建立选区　使用套索工具圈选鼻子部分，如图 4-143 所示。

Step03 羽化选区　羽化选区，羽化半径为 20 像素，然后按快捷键 Ctrl+J，得到“图层 2”图层，如图 4-144 所示。

图 4-142

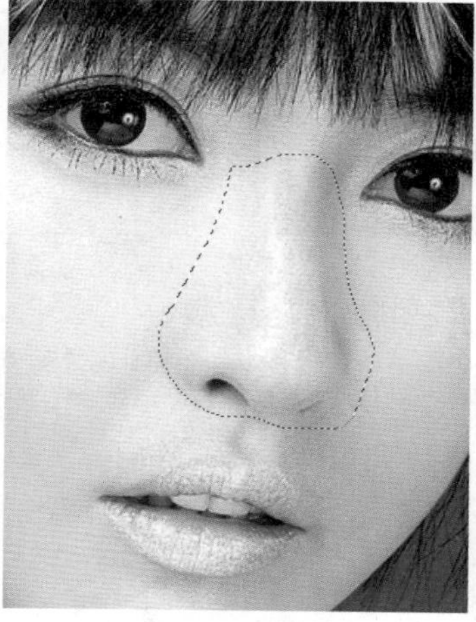

图 4-143

图 4-144

Step04 缩小鼻子　按快捷键 Ctrl+T 自由变换，等比例缩小鼻子，如图 4-145 所示。

Step05 合并图层并调整鼻型　合并“图层 1”图层和“图层 2”图层，执行“滤镜 > 液化”命令，然后选择向前变形工具，在鼻梁曲线处和鼻头的地方进行推动，如图 4-146 所示。

图 4-145

图 4-146

Step06 调整鼻翼　使用同样的方法在鼻孔一侧轻轻向下推动，调整鼻型，注意力度不要过大，如图 4-147 所示。

Step07 观察效果　在对图像进行调整后，单击“液化”对话框左下角的三角按钮，在弹出的下拉列表中选择“符合视图大小”选项，查看调整后的效果。

Step08 完成效果　完成效果如图 4-148 所示。

图 4-147

图 4-148

五官 - 嘴巴：在 Photoshop 中打开一张照片，分析原图，发现人物的嘴巴有些偏大，需要通过后期处理将其适当缩小。

Step01 打开文件并复制图层　打开素材文件，复制图层，得到“图层 1”图层，如图 4-149 所示。

Step02 选择嘴巴　使用套索工具圈选嘴巴部分，如图 4-150 所示。

Step03 羽化　右击，在弹出的快捷菜单中选择“羽化”命令，设置羽化半径为 20 像素，如图 4-151 所示。

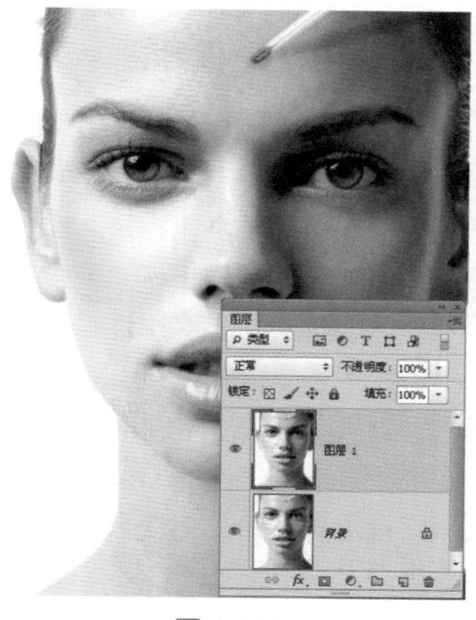

图 4-149

图 4-150

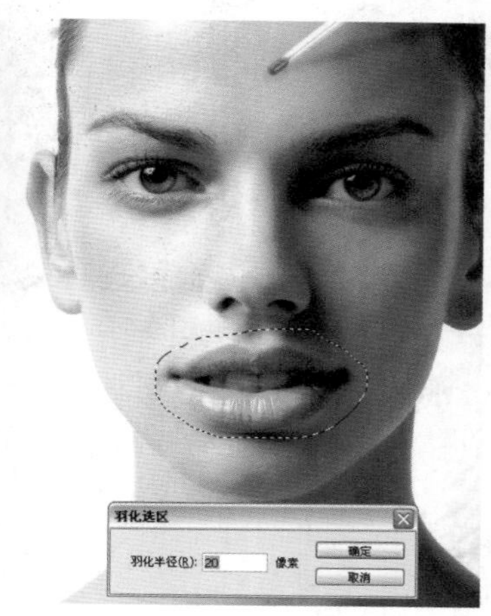

图 4-151

Step04 复制图层　按快捷键 Ctrl+J 得到“图层 2”图层，如图 4-152 所示。

Step05 自由变换　按快捷键 Ctrl+T 自由变换，等比例缩小人物的嘴巴，如图 4-153 所示。

Step06 确认操作　按 Enter 键确认操作，完成效果如图 4-154 所示。

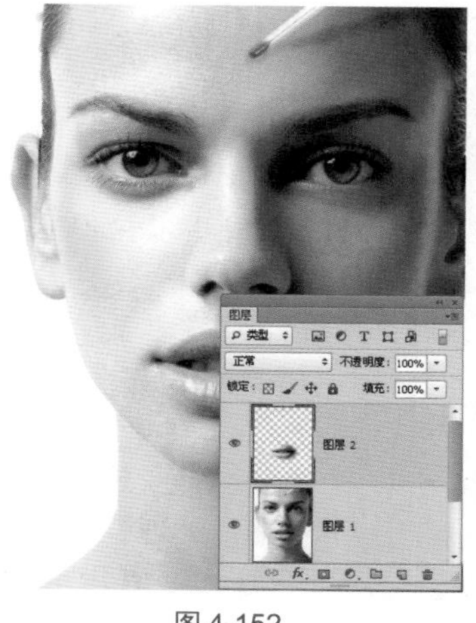

图 4-152

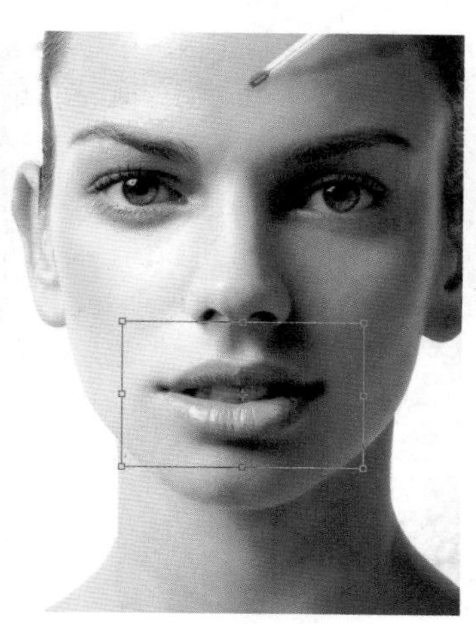

图 4-153

图 4-154

4. 修形总结

很多初学者在拿到片子以后往往不知道应该从哪里下手，这是因为大家对美的理解还不够透彻，可以多看看时尚类的杂志，以有效提高对美的掌控能力。

通常一张片子需要美化的地方为身体比例、发型、脸型、五官、胳膊、腿、腰、臀等，毕竟谁都喜欢身材修长、腰细一点、眉毛齐一点、嘴巴小一点、眼睛明亮一点、鼻梁挺一点。

在修片的过程中注意不能修的太过，应该先观察整体，然后再注意细节不到位的地方，通常都需要对选区进行羽化，这样修出来的效果会更加自然。

图 4-155

4.2.2 修脏

1. 完美皮肤的秘密

一般来说，只要拥有健康的肤色，皮肤表面光滑，毛孔细腻，就可以称为完美的皮肤，如图 4-155 中的左图所示。相反，不好的皮肤则是肤色暗黄，或者有痘痘、痘印、痘疤、黑痣等，如图 4-155 中的右图所示。

2. 常用的修脏工具

污点修复画笔工具：可以快速去除照片中的污点、划痕和其他不理想的部分。该工具与修复画笔工具的工作方式类似，也是使用图像或选中样本像素进行绘画，并将样本像素的纹理、光照、透明度和阴影与所修复的像素相匹配。两者不同的是，修复画笔工具要求指定样本，而污点修复画笔工具可以自动从所修饰区域的周围取样。

修补工具：修补大面积脏点，可以用其他区域或图案中的像素来修复选区，并将样本像素的纹理、光照和阴影与源像素进行匹配，能够很好地与背景进行融合。该工具的特别之处是需要用选区来定位修补范围。

仿制图章工具：可以从图像中复制信息，将其应用到其他区域或者其他图像中。该工具常用于复制图像内容或去除照片中的缺陷。其操作方法是按住 Alt 键在好的皮肤处取样，然后通过单击或涂抹来修补脏点，采用就近原则。

模糊工具：可以柔化图像，减少图像细节。在使用该工具时不可以在一个地方反复涂抹，否则被反复涂抹的图像区域会变得更加模糊。

加深工具和减淡工具：用于调节图像特定区域的曝光度，可以使图像区域变亮或变暗，两者选项栏中的参数设置相同。在摄影时，摄影师可以减弱曝光度使照片中的某个区域变亮（减淡），或增加曝光度使照片中的某个区域变暗（加深）。

3. 解决修脏问题

修脏案例 1：在 Photoshop 中打开一张照片，分析原图，发现人物的脸部和背部有些细小的黑痣，脸部皮肤略微有些粗糙，眼角下方有眼袋，需要通过后期处理将其完善。

Step01 打开文件并复制图层　打开素材文件，按快捷键 Ctrl+J 复制“背景”图层，得到“图层 1”图层，如图 4-156 所示。

Step02 处理脸部黑痣　处理脸部细小的黑痣，使用工具箱中的污点修复画笔工具在脸部有黑痣的地方单击即可将其去除。在处理的过程中可以随时调整画笔的大小，画笔的笔头不可以太大，比黑痣稍大一点即可，如图 4-157 所示。

图 4-156

图 4-157

Step03 处理胳膊上的黑痣　在处理图片的过程中，一般先修完一部分再修另一部分，这样做可避免有漏掉的地方，使用这种方法将胳膊上的黑痣去除，如图 4-158 所示。

Step04 模糊图像，使皮肤细腻　选择工具箱中的模糊工具，在人物的胳膊、脖颈、脸部、额头等位置进行涂抹，减少图像的细节，使皮肤细腻，如图 4-159 所示。

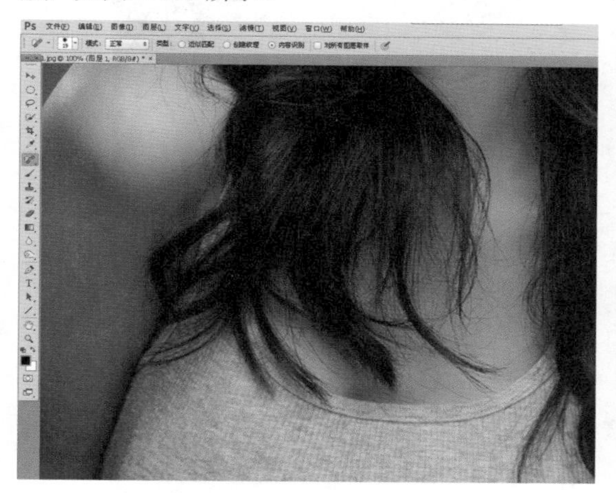

图 4-158

图 4-159

Step05 修复眼袋　选择工具箱中的修补工具，框选眼角下方的眼袋，顺着皮肤纹理和明暗拖曳到其他地方，即可对眼袋进行修复，如图 4-160 所示。

Step06 处理明暗细节　使用加深工具涂抹脸部阴影处较亮的地方，使用减淡工具涂抹脸部阴影处较暗的地方，处理皮肤的明暗细节，完成效果如图 4-161 所示。

图 4-160

图 4-161

修脏案例 2：在 Photoshop 中打开一张照片，分析原图，发现人物的皮肤光滑、细腻，没有瑕疵，但是左右两侧的发丝有些杂乱，需要后期将发丝处理一下。

Step01 打开文件并复制图层　打开素材文件，按快捷键 Ctrl+J 复制“背景”图层，得到“图层1”图层，如图 4-162 所示。

Step02 去除多余发丝　选择工具箱中的仿制图章工具，在选项栏中设置不透明度为 100%，然后按住 Alt 键吸取背景，在右侧耳朵处的发丝上涂抹，将其去除，如图 4-163 所示。

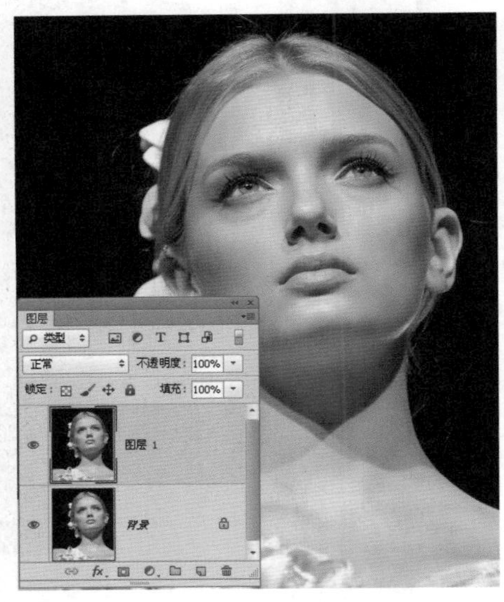

图 4-162

图 4-163

Step03 取样背景　使用同样的方法，先对背景进行取样，然后在左侧耳朵处的发丝上涂抹，在涂抹外围发丝时可以选择较大的画笔，靠近头发的部分用小画笔涂抹，如图 4-164 所示。

Step04 去除发丝　将画笔的笔头调小，可以适当降低不透明度，取样背景，涂抹头顶多余的发丝，使其自然过渡，这样即可完成去除杂乱发丝的操作，如图 4-165 所示。

图 4-164

图 4-165

4.2.3 修光影

1. 完美光影的秘密

完美的光影首先要明暗分明，过渡自然。不论是在室内还是在室外拍摄，当光源照在人物身上时会由于反光造成衣服褶皱、散光等现象，这样就容易形成明暗不均的情况，因此必须通过后期对光影的修饰使画面效果更具美感。修光影首先要了解光源所照射的方向，以此来确定亮面和暗面。在修人物照片的光影时，还要根据人体骨骼结构和肌肉的走势来进行，通常额头、颧骨、鼻尖、上嘴唇、下巴尖为亮面，鼻根、人中、颏唇沟为暗面，如图 4-166 所示。

修光影前

修光影后

图 4-166

2. 常用的修光影工具

曲线：在修全身形体的光影时，通常单击“图层”面板下方的“添加新的填充或调整图层”按钮，为图像添加曲线调整层，可以擦出最亮和最暗的地方，中间调则通过调整画笔的不透明度来擦出。

加深工具和减淡工具：使用这两个工具可以调整细节的光影，例如人物面部的特写，需要对面部的光影做细致的修饰，在需要提亮的地方使用减淡工具，在需要暗下来的地方使用加深工具，人物衣服上的褶皱也可以通过这两个工具进行调整，需要注意的是不可以在同一个地方反复涂抹。

3. 解决光影问题

在 Photoshop 中打开一张照片，分析原图，这是一张半身人像，由于人体的骨骼和肌肉有凸起和凹下的部分，所以造成光影分布不均，需要通过曲线调整图层进行整体修饰，然后再使用加深工具和减淡工具进行局部细节的调整，从而加强光影效果，提高图片的视觉美感。

Step01 打开文件并复制图层　打开素材文件，按下快捷键 Ctrl+J 复制图层，得到“图层 1”图层，如图 4-167 所示。

Step02 调节曲线，提亮照片　单击“图层”面板下方的“创建新的填充或调整图层”按钮，在弹出的下拉菜单中选择“曲线”命令，然后在曲线上单击添加曲线点，向上拖曳，提亮图片，如图 4-168 所示。

Step03 降低暗部　将亮部提亮后，再次在曲线上单击添加曲线点，向下拖曳，降低暗部，如图 4-169 所示。

Step04 在蒙版上涂抹　将曲线蒙版选中，使用工具箱中的画笔工具在图像背景上进行涂抹，如图 4-170 所示。

图 4-167

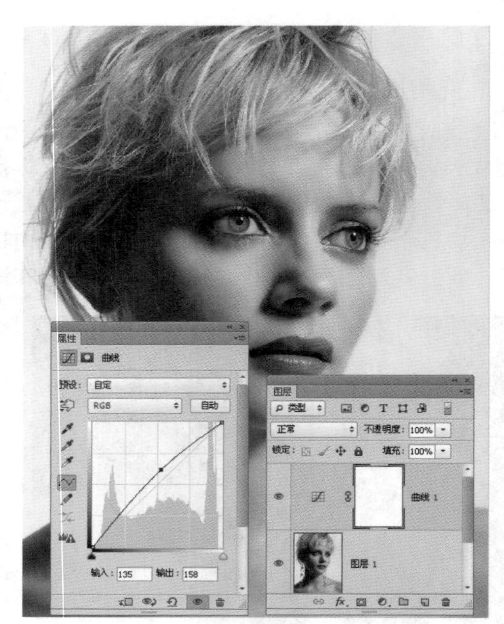

图 4-168

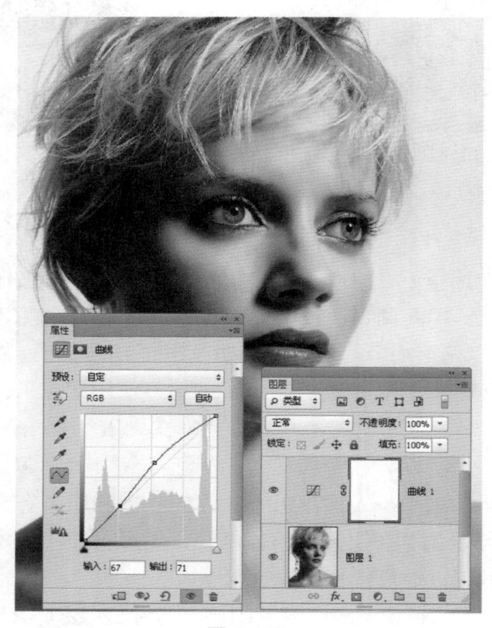

图 4-169

图 4-170

Step05 合并图层　按快捷键 Ctrl+E 向下合并图层，得到“图层 1”图层，如图 4-171 所示。

Step06 在暗部涂抹　选择工具箱中的加深工具，设置曝光度为 20%，在暗部进行涂抹，如图 4-172 所示。

Step07 在亮部涂抹　选择工具箱中的减淡工具，设置曝光度为 20%，在亮部进行涂抹，如图 4-173 所示。

Step08 调整曲线　再次添加曲线调整图层，单击曲线添加曲线点，然后向下拖曳，稍微降低暗部的光影，如图 4-174 所示。

图 4-171

图 4-172

图 4-173

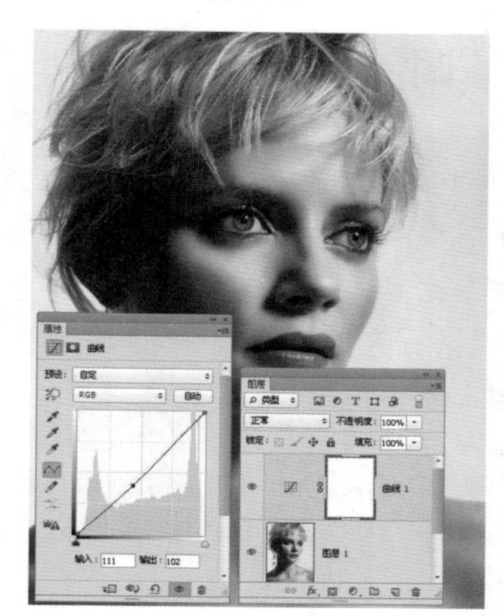

图 4-174

Step 09 完成效果　完成效果如图 4-175 所示。

图 4-175

4.2.4 修图总结

大家拿到一张人物照片通常要观察以下几个方面：

（1）人物看起来美吗？人物的身体比例是否协调？发型、脸型、五官、胳膊、腿、腰、臀等部位是否存在缺陷？

（2）需要将存在缺陷的部位修成什么样？腿更长一点，腰更细一点？或者需要去掉人物脸上的瑕疵等。

大家在修图过程中需要注意以下几点：

（1）养成复制图层的好习惯。

（2）注意不能修的太过，要根据实际情况进行修图。

（3）对选区先进行羽化，这样会使效果更加自然。

（4）在对细节进行处理时，使用缩放工具将图像放大。

（5）边处理边和原图对比，以避免出现太大的偏差。

4.3 调色

在日常生活中，人们经常使用数码相机进行拍摄，并且几乎每一张数码照片都或多或少地需要进行调色。在调色前，初学者需要了解色彩的一些基本知识，然后再多动手练习，这样才能真正提高自己的水平。

4.3.1 三大阶调

三大阶调如下。

高光：高光也叫亮调，是图像中最亮的部分，被称为白场。

中间调：中间调就是图像中除了最暗和最亮的其他地方，被称为灰场。

阴影：阴影也叫暗调，是图像中最暗的地方，被称为黑场。

4.3.2 色彩的三要素

色彩的三要素如下。

色相：“这是什么颜色”，通常人们在问这个问题的时候，其实问的就是图像的色相。红、橙、黄、绿、青、蓝、紫这些都是色相。

饱和度：饱和度指的是色彩的鲜艳程度，当饱和度很高时，画面看起来会很鲜艳；当饱和度很低时，画面看起来就像黑白的。

明度：明度指的是色彩的明暗度，明度越高，画面看起来越白；明度越低，画面看起来越黑，如图 4-176 所示。

图 4-176

执行“图像 > 调整 > 色相 / 饱和度”命令，或按快捷键 Ctrl+U，将弹出“色相 / 饱和度”对话框，保持“饱和度”和“明度”的值不变，调节“色相”的值，图像中的颜色会得到相应的改变，从而改变原图中的色相，如图 4-177 所示。

降低饱和度的值，可以使图片的色彩减弱甚至减到黑白色调，如图 4-178 所示。

增加饱和度的值，可以使图片的色彩看起来更鲜艳，如图 4-179 所示。

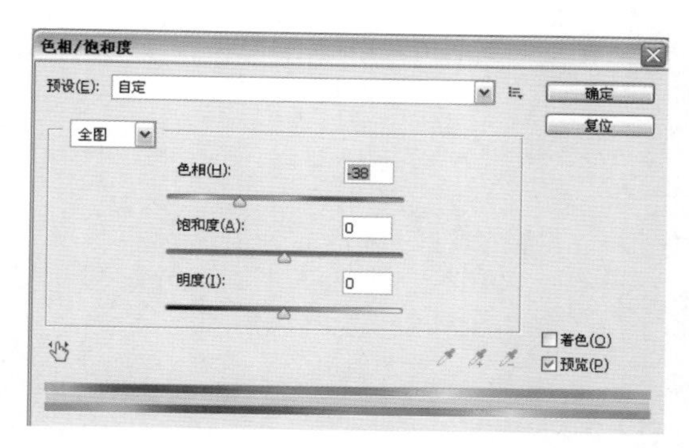

图 4-177

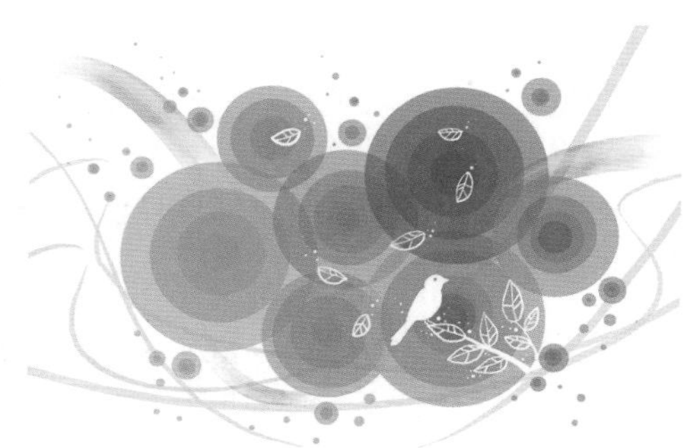

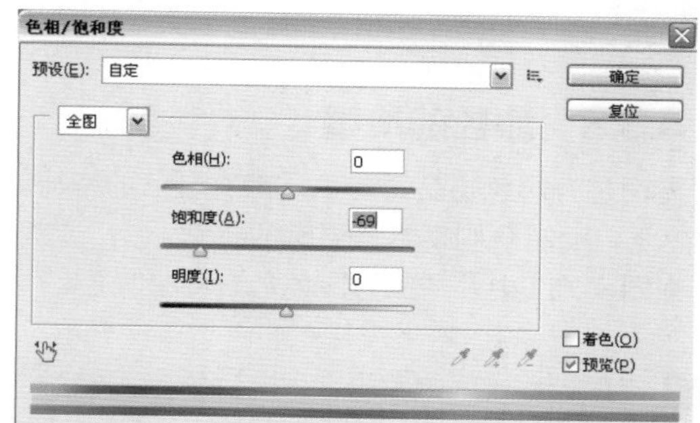

图 4-178

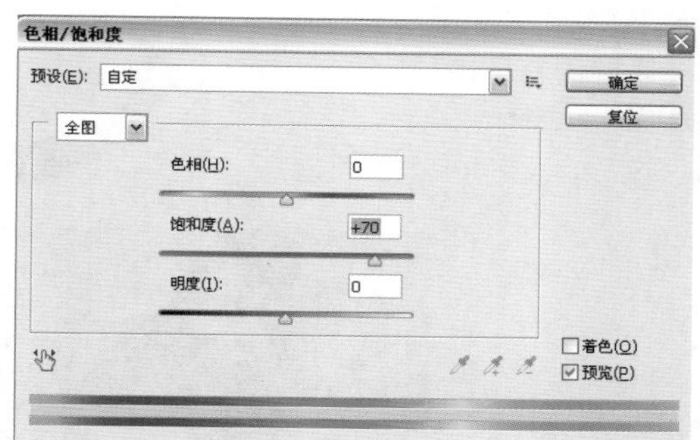

图 4-179

降低明度的值可以使图片变暗，如图 4-180 所示。

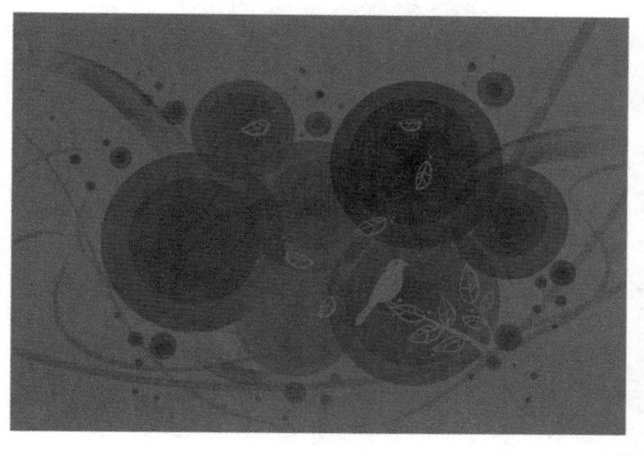

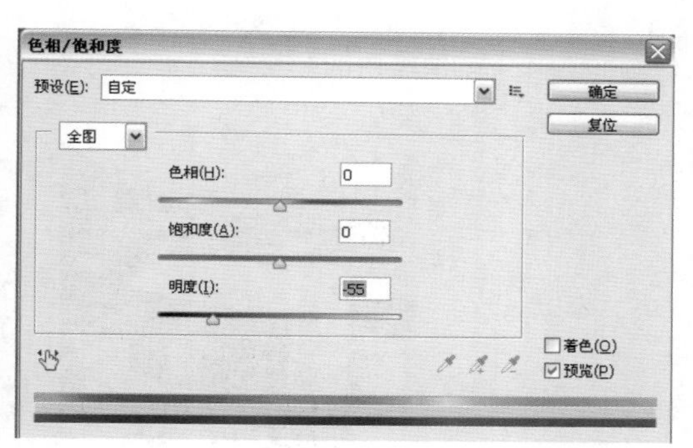

图 4-180

增加明度的值可以使图片变亮，如图 4-181 所示。

图 4-181

4.3.3 颜色的冷暖

无论是有彩色还是无彩色，都有自己的特征，不同的颜色代表着不同的含义，冷色常带给人压抑的感觉，而暖色则带给人温暖的感觉。

在图 4-182 中，左侧为冷色，右侧为暖色。

图 4-182

4.3.4　读懂直方图

执行“窗口 > 直方图”命令，打开“直方图”面板，在直方图上可以直观地看到整个图片的阶调信息和色彩信息。直方图可以用来发现图片中存在的色彩问题。

在色阶中可以看到直方图，在曲线中也可以看到直方图。

在如图 4-183 所示的直方图中可以看到一座或几座山，这些山表示图像像素的分布情况，大约将山所在的方格分成 3 份，左侧表示阴影，中间部分表示中间调，右侧表示高光。

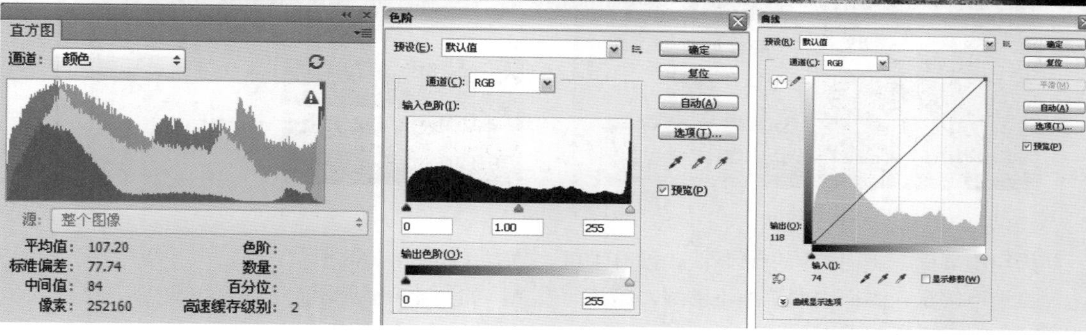

图 4-183

在分析一张图片的色彩分布时，应该结合图片给人的直观感觉和直方图中的数据来进行分析。从该图像上可以看到：

（1）大面积的绿色，不是特别亮，也不是特别暗，属于中间调。

（2）有阴影部分的草地看起来比较暗，所以属于暗调。

（3）天空中有些区域看起来比较透亮，所以属于高光。

从图像上和直方图上看到的信息是调色的前提，从这张图的直方图中可以看到：

（1）中间调以黄绿色为主，而且这张图大部分都是绿色的中间调。红色对应的是云层中的红色部分。

（2）暗调为暗绿色，对应的应该是画面中阴影部分的草地。

（3）高光的信息很少，说明画面中亮光的区域很少。

4.3.5 常见的色彩问题

下面通过图像给人的直观感觉和直方图中显示的色彩信息来发现图片中存在的色彩问题。

太暗（曝光不足）：画面整体太暗，该亮的地方也很暗，直方图上没有高光，如图 4-184 所示。

太亮（曝光过度）：画面整体太亮，该暗的地方也很亮，直方图上没有暗调，如图 4-185 所示。

图 4-184

图 4-185

太灰：画面整体色彩太灰，直方图上没有高光，也没有阴影，如图 4-186 所示。

亮的太亮 / 暗的太暗：画面中天空的色调太亮，地的色调太暗，直方图上没有中间调，如图 4-187 所示。

图 4-186

图 4-187

天空不够蓝：画面整体色彩暗淡，没有生机、活力，如图 4-188 所示。

草地不够绿：画面中的草地不够绿，暗淡、发黄，如图 4-189 所示。

图 4-188

图 4-189

4.3.6　用常用的调色工具解决色彩问题

在 Photoshop 的“调整”菜单中提供了多种调色工具，用户可以使用这些工具对存在色彩问题的照片进行调色，从而使图片更漂亮。

1. 色阶

“色阶”命令经常在扫描完图像后调整颜色的时候使用，可以对亮度过暗的照片进行颜色的调整。执行“图像 > 调整 > 色阶”命令，在弹出的“色阶”对话框中会显示直方图，利用下方的滑块可以调整颜色，左边的滑块代表阴影，中间的滑块代表中间调，右边的滑块代表高光。

分析原图　观察到图片太暗，直方图中没有高光，如图 4-190 所示。

操作：向左移动滑块，水更漂亮，如图 4-191 所示。

图 4-190

图 4-191

分析原图　观察到图片太亮，直方图中没有阴影，如图 4-192 所示。

操作：向右移动滑块出现阴影，立体感突出，如图 4-193 所示。

图 4-192

图 4-193

分析原图　观察到图片太灰，直方图中没有阴影和高光，如图 4-194 所示。

操作：同时向中间移动黑、白滑块，画面层次感突显，如图 4-195 所示。

2. 曲线

使用“曲线”命令可以调整图像的整个色调范围及色彩平衡。执行“图像 > 调整 > 曲线”命令，可以弹出“曲线”对话框，使用曲线可以精确地调整颜色。在默认状态下，移动曲线顶部的点主要是调整高光；移动曲线中间的点主要是调整中间调；移动曲线底部的点主要是调整暗调。

分析原图　观察到图片中天空过亮，地面过暗，直方图中没有阴影和高光，如图 4-196 所示。

操作：利用反“S”分别调整暗部和亮部，减弱对比，使图片出现细节，如图 4-197 所示。

图 4-194

图 4-195

图 4-196

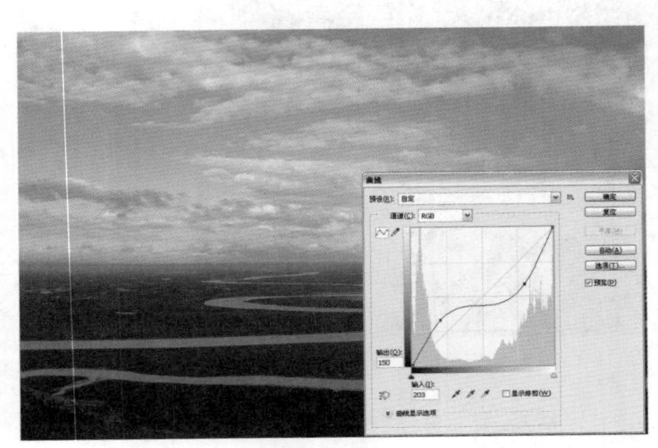

图 4-197

分析原图　观察到图片上草的颜色不够绿，暗淡、发黄，如图 4-198 所示。

操作 1- 建立选区：选择工具箱中的快速选择工具，将图像中的绿草部分建立为选区，如图 4-199 所示。

图 4-198

图 4-199

操作 2- 羽化选区：右击，在弹出的快捷菜单中选择“羽化”命令，设置羽化半径为 40 像素，如图 4-200 所示。

操作 3- 调整参数：弹出“曲线”对话框，选择“绿”通道，调节参数，使绿草恢复生机，如图 4-201 所示。

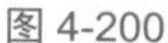

图 4-200

图 4-201

3. 色相/饱和度

使用“色相 / 饱和度”命令可以对色相、饱和度和明度进行修改，既可以单独调整单一颜色的色相、饱和度和明度，又可以同时调整图像中所有颜色的色相、饱和度和明度。执行“图像 > 调整 > 色相 / 饱和度”命令，可以弹出“色相 / 饱和度”对话框。

分析原图　观察到图片的色彩不饱满，颜色不够鲜艳，如图 4-202 所示。

操作：调整饱和度的参数，使画面的色彩鲜艳，如图 4-203 所示。

图 4-202

图 4-203

4. 曝光度

“曝光度”命令专门用于调整 HDR 图像的曝光度。执行“图像 > 调整 > 曝光度”命令，可以弹出“曝光度”对话框，通过调整曝光度、位移和灰度系数校正 3 个参数来校正画面存在的曝光问题。

分析原图　观察到图片曝光过度，面画雾蒙蒙一片，如图 4-204 所示。

操作：调节“位移”滑块，使阴影和中间调变暗，画面出现层次感，如图 4-205 所示。

图 4-204

图 4-205

分析原图　观察到图片曝光不足，面画整体偏黑，如图 4-206 所示。

操作：调节“曝光度”和“位移”滑块，使画面的色调变亮，立体感凸显，如图 4-207 所示。

图 4-206

图 4-207

5. 色彩平衡

“色彩平衡”命令利用颜色滑块调整颜色的均衡，一般用来调整偏色的照片。执行“图像 > 调整 > 色彩平衡”命令，可以弹出“色彩平衡”对话框，分别调整阴影、中间调和高光 3 种色调，或者调整其中一种或两种色调，也可以调整全部色调。

分析原图　观察到图片存在严重的偏色问题，人物脸部皮肤的色彩过于红润，无法表现出皮肤的白皙透亮，如图 4-208 所示。

操作 1：选择“中间调”单选按钮，调节滑块，初步改善偏色问题，如图 4-209 所示。

图 4-208

图 4-209

操作 2：选择“阴影”单选按钮，调节滑块，进一步解决偏色问题，如图 4-210 所示。

操作 3：选择“高光”单选按钮，调节滑块，人物的皮肤恢复正常色调，如图 4-211 所示。

图 4-210

图 4-211

4.3.7　调色总结

当大家拿到一张照片的时候通常会想到以下问题。

（1）照片看起来是正常色调吗？有没有存在偏色的问题，或者画面太亮、太暗、太灰、色彩不够鲜艳等？

（2）希望将照片调成什么色调？使照片更清新一点、更暗沉一点，或者使其颜色更饱和一些？

大家在拿到一张照片后需要做的工作如下：

（1）执行“色阶”命令，提亮画面的色调。

（2）执行“色相 / 饱和度”命令，增加照片的饱和度，使图像的色彩更加丰富。

（3）执行“曲线”命令，加强照片的对比。

（4）执行“锐化”命令，使图像的边缘清晰。

大家在修图前需要掌握以下技巧：

（1）养成好的习惯，通过快捷键 Ctrl+J 复制图层，在不破坏原图的情况下处理照片。

（2）先分析原图，想好准备做什么，然后开始动手。

（3）新建图层时为图层重命名，这样有利于后期操作。

（4）尽量使用调整图层进行调整，这样可以随时对调整后的参数进行修改。

第5章 产品广告的合成

本章主要介绍如何使用 Photoshop 进行产品与背景的合成。产品广告合成是应用最广泛的合成之一，在合成过程中要对图像中不需要的区域进行替换，例如产品的主体、背景、场景中的物体等。

5.1 化妆品主题广告的合成

本实例是化妆品主题广告的合成，制作思路为执行“色相 / 饱和度”命令改变照片的色调为暖黄色调，使用椭圆选框工具及“羽化”命令为图像添加光晕效果，执行“自由变换”命令随意变换素材的形状，使用“图层样式”对话框为素材添加发光、阴影等特效。如图 5-1 所示为原始图像和最终图像。

原始图像

最终图像

图 5-1

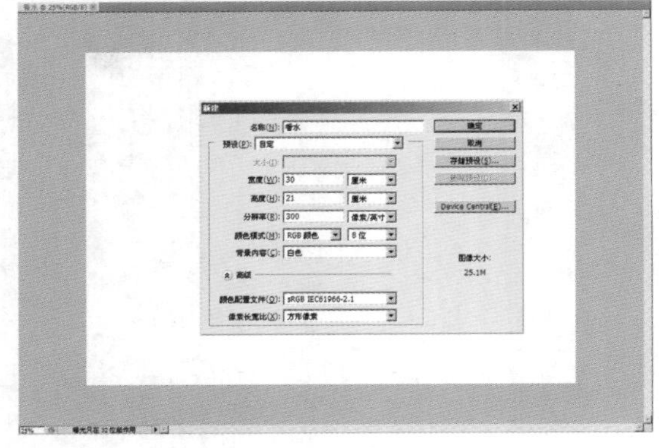

图 5-2

5.1.1 制作花卉背景

首先来制作花卉背景。

Step01 新建文档　执行“文件 > 新建”命令或按快捷键 Ctrl+N，在弹出的“新建”对话框中设置参数，单击“确定”按钮，退出“新建”对话框，此时在工作界面中会出现一个新的文件窗口，如图 5-2 所示。

Step 02 打开文件　执行“文件 > 打开”命令或按快捷键 Ctrl+O，打开素材文件。在按住 Alt 键的同时双击“背景”图层，将其进行解锁，转换为普通图层，如图 5-3 所示。

Step 03 拖入素材　选择工具箱中的移动工具，将打开的背景素材拖入当前正在操作的文件窗口中，得到“图层 1”图层，如图 5-4 所示。

图 5-3

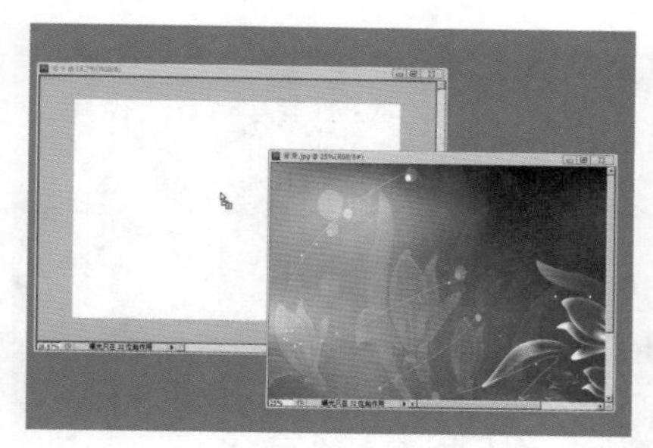

图 5-4

Step 04 自由变换　执行“编辑 > 自由变换”命令或按快捷键 Ctrl+T，调整背景图像的大小和位置，然后双击或按 Enter 键确认操作，如图 5-5 所示。

Step 05 调整照片为暖色调　执行“图像 > 调整 > 色相 / 饱和度”命令，或按快捷键 Ctrl+U，弹出“色相 / 饱和度”对话框，设置参数，改变图层的色调为暖黄色调，单击“确定”按钮，如图 5-6 所示。

图 5-5

图 5-6

Step 06 绘制选区　打开“图层”面板，单击“图层”面板下方的“创建新图层”按钮，新建一个图层。选择工具箱中的椭圆选框工具，在图像上方椭圆选框工具的选项栏中单击“从选区减去”按钮，绘制椭圆选区，如图 5-7 所示。

Step 07 羽化选区　执行“选择 > 修改 > 羽化”命令，在弹出的“羽化选区”对话框中设置“羽化半径”为 5 像素，单击“确定”按钮，如图 5-8 所示。

图 5-7

图 5-8

Step 08 设置前景色　单击工具箱中的“设置前景色”按钮■，弹出“拾色器”对话框，设置前景色的颜色值为 R:207,G:173,B:62，单击“确定”按钮。按快捷键 Alt+Delete 为选区填充前景色，按快捷键 Ctrl+D 取消选区，如图 5-9 所示。

Step 09 自由变换　按快捷键 Ctrl+T，通过拖动控制点调整图形的形状，完成后将该图形移动到画面中的左下角位置，效果如图 5-10 所示。

图 5-9

图 5-10

Step 10 绘制椭圆选区　按照上述方法继续绘制椭圆选区，然后对选区进行适当的羽化，设置颜色值为 R:54,G:41,B:8，并对图形进行适当的调整，如图 5-11 所示。

Step 11 绘制光晕效果　以此类推，按照相同的方法继续绘制。打开“图层”面板，按住 Shift 键依次单击绘制的所有光晕图层，然后右击，在弹出的快捷菜单中选择“合并图层”命令，将所有光晕图层合并为一个图层，并修改图层的名称为“光晕”，如图 5-12 所示。

图 5-11

图 5-12

Step 12 改变混合模式　选择“光晕”图层，将该图层的混合模式设置为“滤色”，如图 5-13 所示。

Step 13 拖入素材　执行“文件 > 打开”命令或按快捷键 Ctrl+O，打开素材文件，然后使用移动工具，将打开的花朵素材拖入当前正在操作的文件窗口中，如图 5-14 所示。

Step 14 调整大小　执行“编辑 > 自由变换”命令或按快捷键 Ctrl+T，调整花朵素材的大小和位置，然后双击或按 Enter 键确认操作，如图 5-15 所示。

图 5-13

图 5-14

Tips

“图像旋转”命令与“变换”命令有什么区别？

“图像旋转”命令只能用于旋转整个图像。如果要旋转单个图层中的图像，则需要使用“编辑>变换”子菜单中的命令；如果要旋转选区，则需要使用“选择>变换选区”命令。

图 5-15

Step 15 添加外发光效果　双击花朵图层的图层缩略图，弹出“图层样式”对话框，在左侧列表中勾选“外发光”选项，设置参数，单击“确定”按钮，为花朵图像添加外发光效果，如图 5-16 所示。

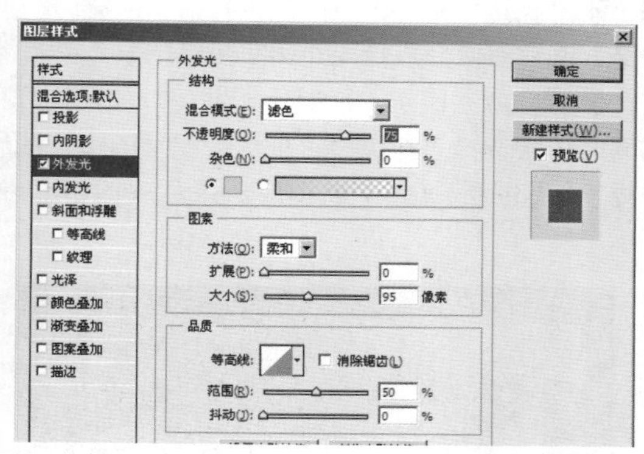

图 5-16

Step 16 水平翻转　在按住 Alt 键的同时拖曳花朵素材，可以对该素材进行复制，然后再按快捷键 Ctrl+T，在自由变换的控制框内右击，在弹出的快捷菜单中选择“水平翻转”命令，效果如图 5-17 所示。

Step 17 扭曲素材　在自由变换的控制框内右击，在弹出的快捷菜单中选择“扭曲”命令，然后通过拖动控制点调整图像的形状，如图 5-18 所示。

Step 18 建立选区　选择工具箱中的套索工具，在图像上方套索工具的选项栏中设置“羽化半径”为 5 像素，在复制的花朵图像上建立选区，然后按 Delete 键删除选区内的图像，如图 5-19 所示。

图 5-17

图 5-18

Step19 复制图像 再次使用套索工具在花朵图像上建立选区，然后按下快捷键 Ctrl+J，通过复制图层将该选区进行复制，如图 5-20 所示。

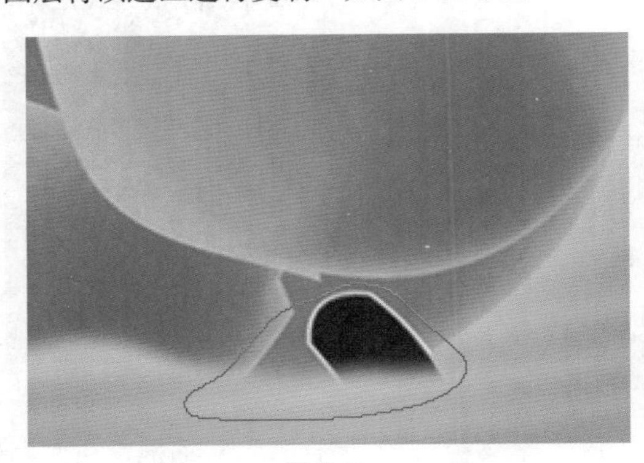

图 5-19

图 5-20

Step20 调整图像副本 按快捷键 Ctrl+T，在自由变换的控制框内右击，在弹出的快捷菜单中选择“水平翻转”命令，对图像进行适当的旋转，然后再次右击，在弹出的快捷菜单中选择“扭曲”命令，调整图像的形状，并调整图层位于“花 副本”图层的下方，如图 5-21 所示。

Step21 合并图层，降低不透明度 使用同样的方法对花朵图像继续进行完善，在按住 Shift 键的同时依次选择“花 副本”图层、“图层 2”图层和“图层 3”图层，右击，在弹出的快捷菜单中选择“合并图层”命令，将图层合并为一个图层，并将合并后图层的不透明度设置为 50%，如图 5-22 所示。

图 5-21

图 5-22

Step22 绘制渐变效果 按住 Shift 键选择“花”图层和“花 副本”图层，右击，在弹出的快捷菜单中选择“合并图层”命令，得到“花 副本”图层。单击“图层”面板下方的“添加矢量蒙版”按钮，为该图层添加矢量蒙版，设置前景色为黑色，然后选择工具箱中的渐变工具，选择线性渐变和前景色到透明效果，在图像上进行拖曳，如图 5-23 所示。

Step23 改变混合模式 确保“花 副本”图层处于选中状态，设置图层的混合模式为“滤色”，如图 5-24 所示。

图 5-23

图 5-24

Tips

“滤色”模式：查看每个通道中的颜色信息，并将混合色的互补色与基色进行正片叠底，结果色总是较亮的颜色。在用黑色过滤时颜色保持不变，在用白色过滤时将产生白色。此效果类似于多个摄影幻灯片在彼此之上投影。

Step24 使用钢笔工具绘制选区 单击“图层”面板下方的“创建新图层”按钮，新建一个图层。选择钢笔工具，在工作区上单击确定起始点，绘制封闭区域，然后结合使用转换点工具调整图形的形状，如图 5-25 所示。

Step25 为选区填充颜色 单击工具箱中的“设置前景色”按钮，在弹出的“拾色器”对话框中设置前景为白色，然后按快捷键 Alt+Delete 为选区填充前景色，按快捷键 Ctrl+D 取消选区，如图 5-26 所示。

图 5-25

图 5-26

Step26 调整不透明度 选择上一步绘制的图形所在的图层，将该图层的不透明度设置为 14%，如图 5-27 所示。

Step27 绘制多个图形 使用上述方法继续绘制图形，并为选区填充白色，设置不透明度，如图 5-28 所示。

图 5-27

图 5-28

5.1.2 处理人物抠像和色调

接下来处理前景人物造型，通过抠像和调色将人物与背景相融合。

Step01 合并图层，改变名称　按住 Shift 键将以上绘制的所有图形选中，右击，在弹出的快捷菜单中选择“合并图层”命令。双击图层的名称，将图层的名称修改为“光束”，并设置该图层的混合模式为“滤色”，如图 5-29 所示。

Step02 复制通道　按快捷键 Ctrl+O，在弹出的“打开”对话框中选择需要打开的素材文件，将其打开，在“通道”面板中复制红通道，得到“红 副本”通道图层，如图 5-30 所示。

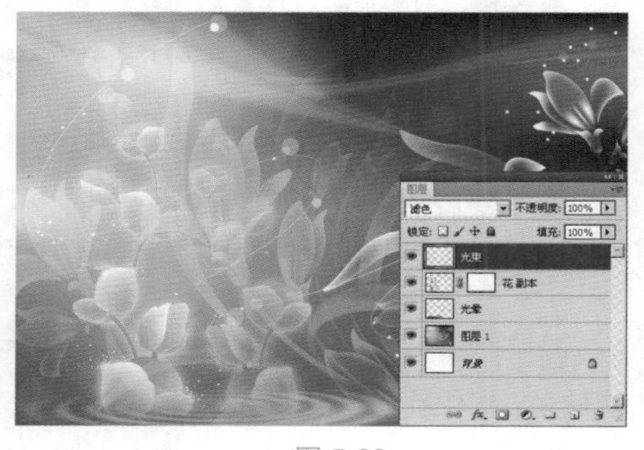

图 5-29

图 5-30

Step03 调整色阶　执行“图像 > 调整 > 色阶”命令，弹出“色阶”对话框，设置参数，单击“确定”按钮，如图 5-31 所示。

图 5-31

Step 04 涂抹人物　设置前景色为黑色，选择工具箱中的橡皮擦工具，在右侧人物的图像上进行涂抹，直到将整个人物完全涂抹为白色，然后设置前景色为白色，使用橡皮擦工具将背景和另一个人物涂抹为黑色，如图 5-32 所示。

> **Tips**
>
> 在涂抹的过程中应该随时调整橡皮擦的大小，这样可以将人物涂抹的更加精细，使后期人物的选区做出来更加准确。

Step 05 将人物建立为选区　选择“红 副本”通道图层，在按住 Ctrl 键的同时单击“红 副本”通道图层的缩览图，将人物图像载入选区，如图 5-33 所示。

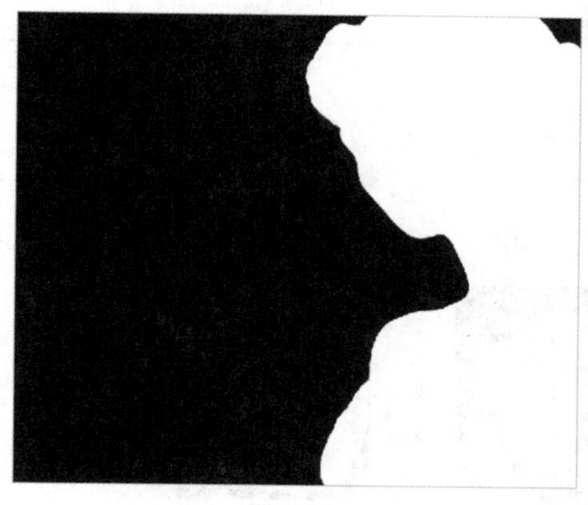

图 5-32

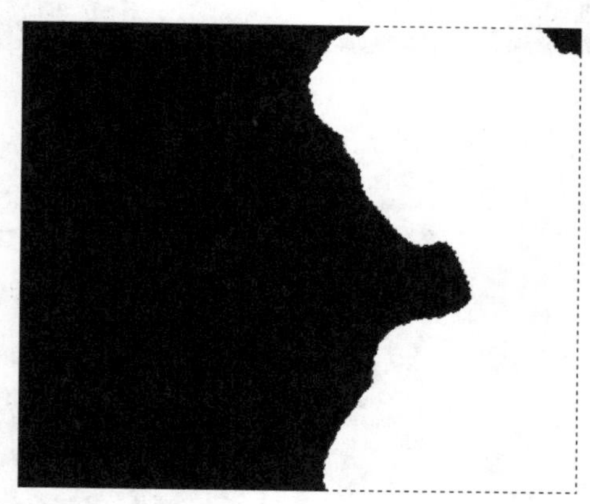

图 5-33

Step 06 复制选区　单击“RGB”通道图层，然后切换到“图层”面板，按快捷键 Ctrl+J，通过复制图层将选区进行复制，如图 5-34 所示。

Step 07 拖入人物素材　选择工具箱中的移动工具，将抠出来的人物图像拖入当前正在操作的文件窗口中，按快捷键 Ctrl+T，弹出自由变换的控制框，在人物周围会出现可调节的控制点，拖动控制点来调整人物的大小，并将人物移动到合适的位置。双击图层的名称，将其修改为“人物”，如图 5-35 所示。

图 5-34

图 5-35

Step 08 添加外发光效果　确保“人物”图层处于选中状态，双击该图层的缩览图，弹出“图层样式”对话框，在左侧列表中勾选“外发光”选项，设置参数，然后单击“确定”按钮，为图像添加外发光效果，如图 5-36 所示。

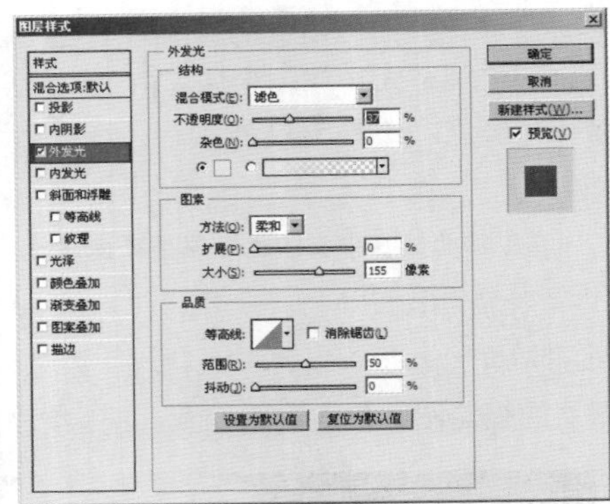

图 5-36

Step09 调整色阶　确保“人物”图层处于选中状态，按住 Ctrl 键单击该图层的缩览图，将人物载入选区。单击“图层”面板下方的“创建新的填充或调整图层”按钮，在弹出的下拉菜单中选择“色阶”命令，得到“色阶 1”图层，设置参数，如图 5-37 所示。

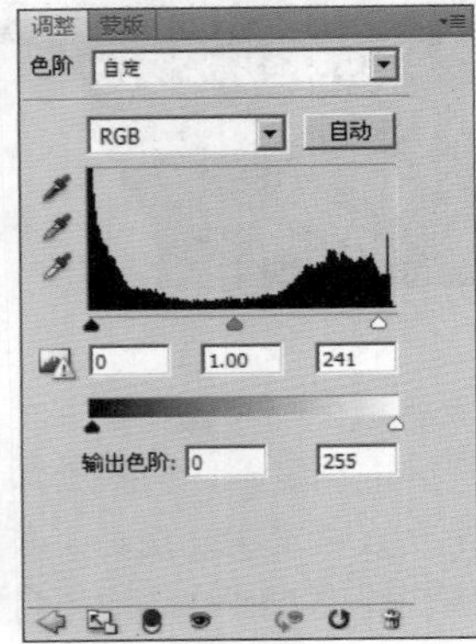

图 5-37

Step10 调整色彩平衡　按照上一步的方法将人物载入选区，单击“图层”面板下方的“创建新的填充或调整图层”按钮，在弹出的下拉菜单中选择“色彩平衡”命令，得到“色彩平衡 1”图层，设置参数，如图 5-38 所示。

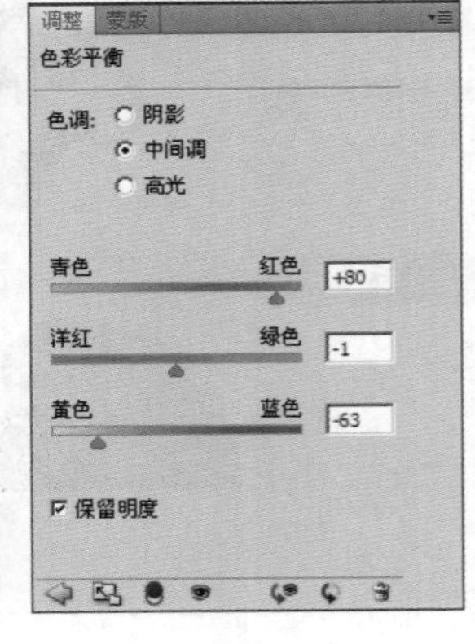

图 5-38

Step11 建立椭圆选区　新建一个图层，使用椭圆选框工具，在工作区中绘制一个椭圆选区，然后选择渐变工具，打开“渐变编辑器”对话框设置参数，单击“确定”按钮，如图 5-39 所示。

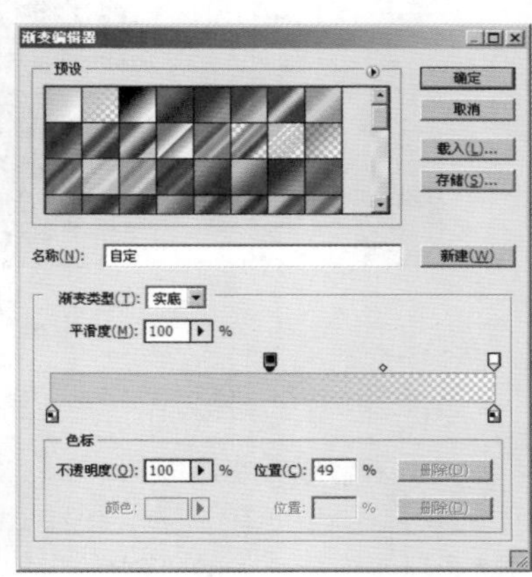

图 5-39

Step12 为选区绘制渐变色　在选项栏中单击“径向渐变”按钮，为图形应用径向渐变效果，然后按快捷键 Ctrl+D 取消选择。确保“图层 2”处于选中状态，按住 Ctrl 键单击“人物”图层的缩览图，将人物载入选区，然后按快捷键 Ctrl+J，通过复制图层得到“图层 3”图层，如图 5-40 所示。

Step13 改变混合模式　选中“图层 2”图层，按 Delete 键删除该图层，然后选中“图层 3”图层，设置该图层的混合模式为“柔光”，如图 5-41 所示。

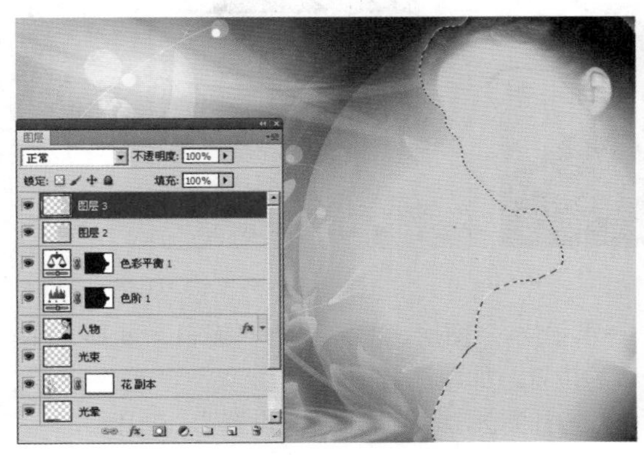

图 5-40

图 5-41

Step14 调整大小　按快捷键 Ctrl+O，弹出“打开”对话框，打开香水素材文件，然后使用移动工具将打开的香水素材拖入当前正在操作的文件窗口中。按快捷键 Ctrl+T，适当调整图像的大小，并将其移至合适的位置，如图 5-42 所示。

Step15 添加蒙版　确保“香水”图层处于选中状态，单击“图层”面板下方的“添加矢量蒙版”按钮，给“香水”图层添加图层蒙版。设置前景色为黑色，然后选择渐变工具，并在选项栏中选择线性渐变和前景到透明效果，在图像上拖曳，效果如图 5-43 所示。

图 5-42

图 5-43

5.1.3 合成香水产品图

接下来合成香水产品图。

Step01 调整色阶参数　按住 Ctrl 键，单击“香水”图层的图层缩览图，将香水载入选区。单击“图层”面板下方的“创建新的填充或调整图层”按钮，在弹出的下拉菜单中选择“色阶”命令，设置参数，如图 5-44 所示。

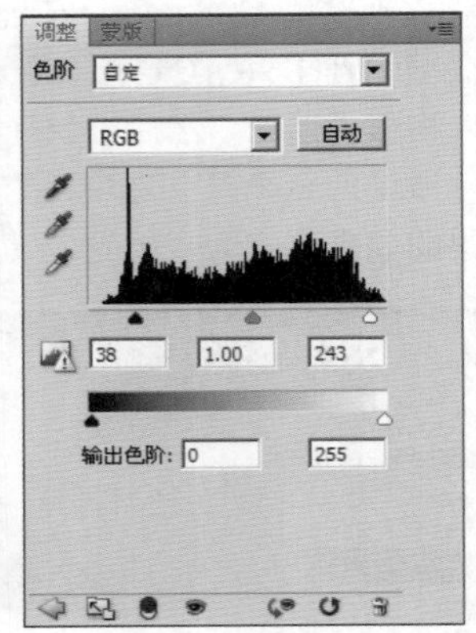

图 5-44

Step02 垂直翻转　复制“香水”图层，得到“香水 副本”图层，然后执行“编辑 > 变换 > 垂直翻转”命令，再使用键盘上的方向键将其移至合适的位置，如图 5-45 所示。

Step03 改变混合模式　确保“香水 副本”图层处于选中状态，将其混合模式设置为“正片叠底”，如图 5-46 所示。

图 5-45

图 5-46

Step 04 拖入素材　打开素材文件，使用移动工具将素材图片拖入当前正在操作的文件窗口中，然后按快捷键 Ctrl+T，适当调整图像的大小，并将其移至合适的位置，如图 5-47 所示。

Step 05 改变混合模式　确保“素材”图层处于选中状态，设置其混合模式为“颜色减淡”，如图 5-48 所示。

图 5-47

图 5-48

Step 06 调整素材大小　打开素材文件，使用移动工具将素材图片拖入当前正在操作的文件窗口中，然后按快捷键 Ctrl+T，适当调整图像的大小，并将其移至合适的位置，如图 5-49 所示。

Step 07 改变混合模式　选中“蝴蝶”图层，设置其混合模式为“滤色”，如图 5-50 所示。

图 5-49

图 5-50

Step 08 调整图层的顺序　调整图层的顺序，将“星光”图层移至“光晕”图层的上面，如图 5-51 所示。

Step 09 完成效果　以上为整个操作过程，最终效果如图 5-52 所示。

图 5-51

图 5-52

5.2 机器人广告的合成

本实例合成机器人广告，制作思路为首先执行“垂直翻转”命令为画面中的素材制作倒影效果，然后执行“自由变换”命令（快捷键为 Ctrl+T）改变素材的大小和位置，使画面看起来和谐、美观，最后使用横排文字工具为画面添加文字，完成本实例的制作。如图 5-53 所示为原始图像和最终图像。

原始图像　　最终图像

图 5-53

5.2.1 制作天空和城市背景

首先来制作天空和城市背景的素材合成。

Step01 打开素材　执行“文件 > 打开”命令或按快捷键 Ctrl+O，打开天空素材文件，如图 5-54 所示。

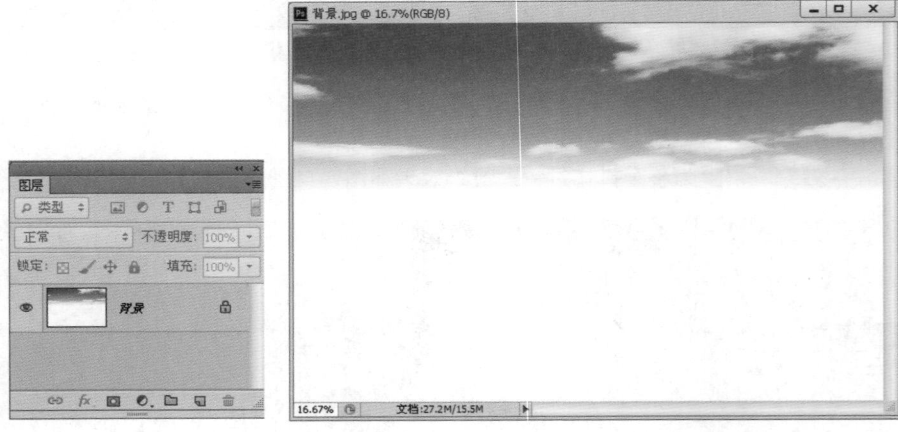

图 5-54

Step02 将素材移动到背景中　打开楼房素材文件，使用移动工具将素材移动到当前文档中，然后改变素材的大小和位置，如图 5-55 所示，此时在“图层”面板下方将自动生成“图层 1”图层。

图 5-55

Step03 复制图层　拖曳“图层 1”图层到“图层”面板下方的“创建新图层”按钮上，得到“图层 1 副本”图层，然后按快捷键 Ctrl+T，此时在图像的四周会出现可调节的节点，如图 5-56 所示。

图 5-56

Step04 翻转图像　在节点的控制框内右击，在弹出的快捷菜单中选择“垂直翻转”命令，将复制后的图像进行翻转，并按 Enter 键确认操作，效果如图 5-57 所示。

图 5-57

Step05 制作倒影效果　将“图层 1 副本”图层的不透明被降低，为该楼房图像制作倒影效果，使画面中的图像看起来更加逼真，如图 5-58 所示。

图 5-58

5.2.2 合成地球图案

接下来制作地球图案，并合成地球倒影。

Step01 打开素材　执行“文件 > 打开”命令或按快捷键 Ctrl+O，打开地球素材文件，如图 5-59 所示。

Step 02 改变大小和位置 使用移动工具将素材文件移动到当前文档中，然后按快捷键 Ctrl+T，改变素材的大小和位置，如图 5-60 所示。

图 5-59

图 5-60

Step 03 复制图层 将“earth”图层拖动到“图层”面板下方的“创建新图层”按钮上，得到“earth 副本”图层，并移动该素材的位置，如图 5-61 所示。

Step 04 模糊素材效果 执行“滤镜 > 模糊 > 动感模糊”命令，在弹出的对话框中设置参数，如图 5-62 所示。

图 5-61

图 5-62

Step 05 改变素材大小 将刚才打开的素材文件中的热气球素材移动到当前文档中，并改变该素材的大小和位置，如图 5-63 所示。

图 5-63

Step 06 复制素材 在按住 Alt 键的同时移动热气球素材到其他位置，可对该素材进行复制，并改变素材副本的大小和位置，如图 5-64 所示。

图 5-64

Step07 合成新素材　打开素材文件，移动素材到当前文档中，并使用同样的方法改变其大小和位置，如图 5-65 所示。

图 5-65

5.2.3　合成机器人图案

接下来合成本例中的机器人素材图案并添加文字效果。

Step01 打开机器人素材　执行“文件 > 打开”命令或按快捷键 Ctrl+O，打开机器人素材文件，如图 5-66 所示。

Step02 改变大小和位置　使用移动工具将机器人素材移动到当前文档中，然后按快捷键 Ctrl+T，通过调节素材周围的节点改变素材的大小和位置，如图 5-67 所示。

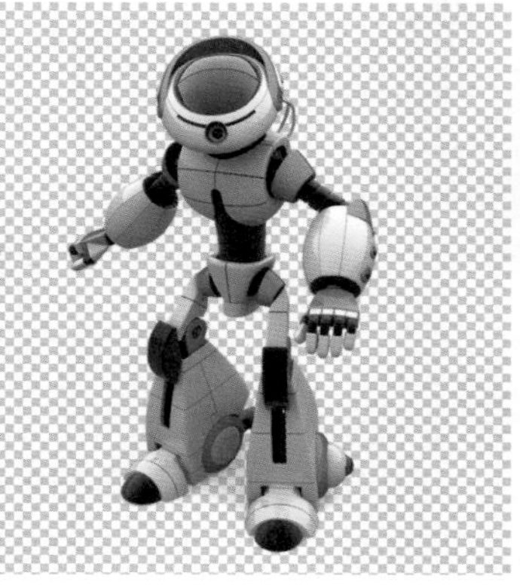

图 5-66

图 5-67

图 5-68

Step 03 输入文字　选择工具箱中的横排文字工具，在图像上输入文字，并在“字符”面板中改变文字的属性。选择文字所在的图层，右击，在弹出的快捷菜单中选择“栅格化文字”命令。双击该图层，弹出“图层样式”对话框，在其中设置参数，为文字添加效果，如图 5-68 所示。

5.3 梦幻啤酒庄广告的合成

本实例合成梦幻啤酒庄广告，制作思路为首先将素材移至文档中，改变其大小和位置，然后执行“渐变映射”命令改变画面的色调，通过调整图层混合模式使渐变色与背景融合，再执行“色彩平衡”命令为画面增加蓝色调，通过添加图层蒙版隐藏不需要的色相，最后执行“点状化”等命令为画面添加细雨效果。如图 5-69 所示为原始图像和最终图像。

原始图像

最终图像

图 5-69

5.3.1 合成瀑布与天空

首先来合成瀑布、城堡和天空的图案。

Step 01 新建文档　执行“文件 > 新建”命令或按快捷键 Ctrl+N，弹出“新建”对话框，设置参数，单击“确定”按钮，新建一个空白文档，如图 5-70 所示。

Step 02 打开素材，解锁背景　按快捷键 Ctrl+O，打开素材文件，然后双击“背景”图层，在弹出的“新建图层”对话框中单击“确定”按钮，将“背景”图层进行解锁，转换为普通图层，如图 5-71 所示。

图 5-70

图 5-71

Step 03 改变素材的大小位置　使用移动工具将该素材拖曳到当前文档中，在“图层”面板的下方将自动生成“图层 1”图层，按快捷键 Ctrl+T，改变素材的大小和位置，如图 5-72 所示。

Step 04 复制图层，水平翻转　复制“图层 1”图层，得到“图层 1 副本”图层，然后按快捷键 Ctrl+T，在控制框内右击，在弹出的快捷菜单中选择“水平翻转”命令，并按 Enter 键确认操作，如图 5-73 所示。

图 5-72

图 5-73

Step 05 添加图层蒙版，合成图像　为“图层 1 副本”图层添加图层蒙版，然后选择工具箱中的画笔工具，设置前景色为黑色，在图像上进行涂抹，将素材进行融合，效果如图 5-74 所示。

Step 06 打开素材，解锁背景　打开素材文件，双击“背景”图层，在弹出的“新建图层”对话框中单击“确定”按钮，将“背景”图层进行解锁，转换为普通图层，如图 5-75 所示。

图 5-74

图 5-75

Step07 改变大小　使用移动工具将素材拖入当前文档中，并改变其大小和位置，如图 5-76 所示。

Step08 打开文件，解锁背景　按快捷键 Ctrl+O，打开素材文件，然后双击“背景”图层，在弹出的“新建图层”对话框中单击“确定”按钮，将“背景”图层进行解锁，转换为普通图层，得到“图层 0”图层，如图 5-77 所示。

图 5-76

图 5-77

Step09 改变大小和位置　使用移动工具将素材移动到当前文档中，在“图层”面板的下方将自动生成“图层 2”图层，按快捷键 Ctrl+T，改变素材的大小和位置，如图 5-78 所示。

Step10 隐藏不需要的图像　为“图层 2”图层添加图层蒙版，然后选择工具箱中的画笔工具，设置前景色为黑色，在图像上进行涂抹，将素材中多余的部分进行隐藏，效果如图 5-79 所示。

图 5-78

图 5-79

Step 11 移动素材　按快捷键 Ctrl+O，打开素材文件，将素材文件进行解锁拖曳到当前文档中，并改变素材的大小和位置，移动图层的顺序，如图 5-80 所示。

Step 12 水平翻转素材　按快捷键 Ctrl+T，在图像上会出现可调整的控制框，在框内右击，在弹出的快捷菜单中选择“水平翻转”命令，效果如图 5-81 所示。

图 5-80

图 5-81

5.3.2　改变城堡的整体色调

接下来处理城堡、天空和瀑布的整体色调，让它们的颜色相匹配。

Step 01 为图像添加渐变色　单击“图层”面板下方的“创建新的填充或调整图层”按钮，在弹出的下拉菜单中选择“渐变映射”命令，然后设置参数，为该图层添加渐变色，效果如图 5-82 所示。

Step 02 使渐变色与背景融合　将“渐变映射 1”图层的混合模式设置为“柔光”，并调节不透明度为 50%，改变图像的色调，效果如图 5-83 所示。

图 5-82

图 5-83

Step03 为画面增加蓝色调　单击“图层”面板下方的“创建新的填充或调整图层”按钮，在弹出的下拉菜单中选择“色彩平衡”命令，然后调节参数，效果如图 5-84 所示。

Step04 隐藏不需要的色相　单击“色彩平衡 1”图层的图层蒙版缩览图，然后选择画笔工具，设置前景色为黑色，在图像上进行涂抹，效果如图 5-85 所示。

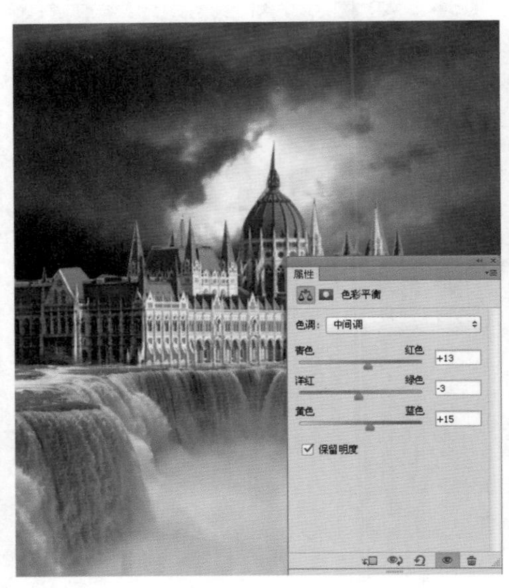

图 5-84

图 5-85

5.3.3 制作下雨效果

下面用“点状化”和“动感模糊”等命令制作下雨效果。

Step01 执行“点状化”命令　按快捷键 Ctrl+Alt+Shift+E 盖印图层，生成“图层 4”图层。单击“图层”面板下方的“创建新图层”按钮，新建“图层 5”图层，为该图层填充白色，然后执行“滤镜 > 像素化 > 点状化”命令，在弹出的“点状化”对话框中设置参数，如图 5-86 所示。

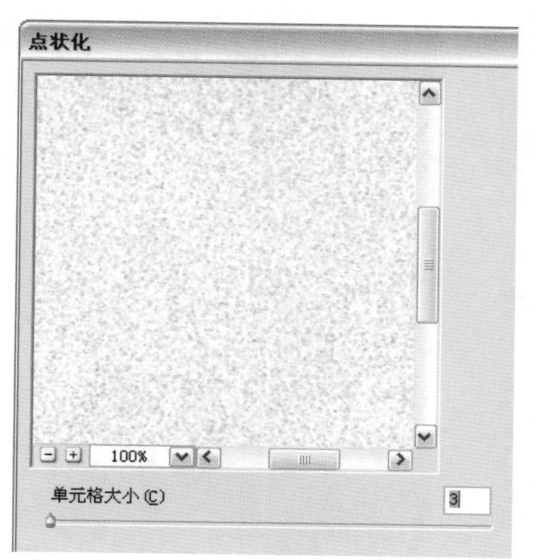

图 5-86

Step02 执行“阈值”命令 执行“图像 > 调整 > 阈值”命令，弹出“阈值”对话框，在其中设置参数，效果如图 5-87 所示。

Step03 执行“动感模糊”命令 执行“滤镜 > 模糊 > 动感模糊”命令，弹出“动感模糊”对话框，在其中设置参数，如图 5-88 所示。

图 5-87

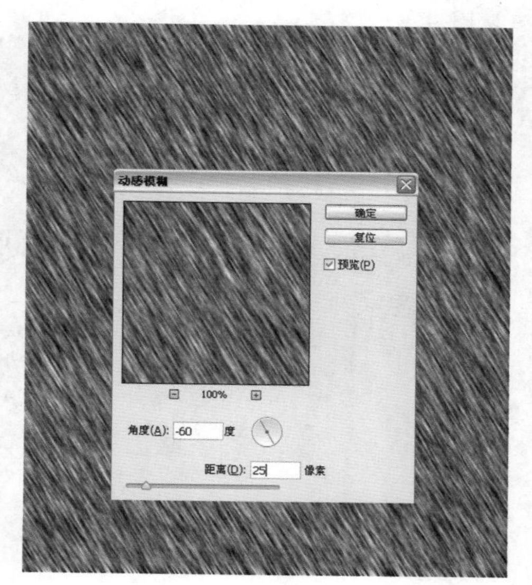

图 5-88

Step04 执行“USM 锐化”命令 执行“滤镜 > 锐化 >USM 锐化”命令，弹出“USM 锐化”对话框，在其中设置参数，如图 5-89 所示。

Step05 改变混合模式及不透明度 将“图层 5”图层的混合模式设置为“叠加”，并调节不透明度为 30%，如图 5-90 所示。

Step06 绘制细雨效果 为该图层添加图层蒙版，然后选择画笔工具（设置前景色为黑色），在图像上进行涂抹，将不需要的部分隐藏，为图像添加细雨效果，如图 5-91 所示。

Step07 合成图像和文字 将图像和文字素材导入，进行排序，最终完成合成效果，如图 5-92 所示。

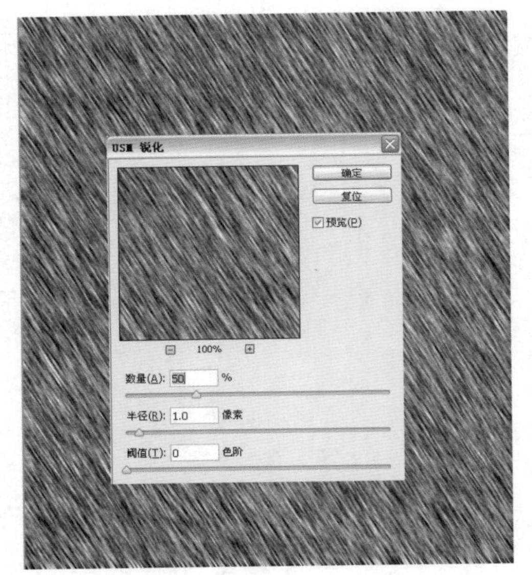

图 5-89

图 5-90

图 5-91

图 5-92

5.4 英雄联盟游戏广告的合成

本实例合成英雄联盟游戏广告，制作思路为使用快速选择工具将素材建立为选区，然后将背景素材拖曳到图像中，为画面添加背景效果；执行“亮度 / 对比度”和“渐变映射”等命令改变画面色调为夜晚效果；执行“可选颜色”命令精细地调整画面色调，完成效果。如图 5-93 所示为原始图像和最终图像。

原始图像

最终图像

图 5-93

5.4.1　合成城堡与天空

首先合成石头、城堡和天空的图案。

Step 01 打开素材，解锁背景　执行“文件 > 打开”命令或按快捷键 Ctrl+O，打开建筑素材文件，并将“背景”图层进行解锁，转换为“图层 0”图层，如图 5-94 所示。

Step 02 建立选区，删除背景　选择工具箱中的快速选择工具，将背景中的天空部分建立为选区，然后按 Delete 键将其删除，如图 5-95 所示。

图 5-94

图 5-95

Step 03 变形图像　按快捷键 Ctrl+T 进行自由变换，在控制框内右击，在弹出的快捷菜单中选择“变形”命令，改变图像的形状，如图 5-96 所示。

Step 04 打开素材，建立选区　执行“文件 > 打开”命令或按快捷键 Ctrl+O，打开岩石素材文件，然后选择工具箱中的快速选择工具，将石头部分建立为选区，如图 5-97 所示。

图 5-96

图 5-97

Step 05 改变素材大小　使用移动工具将选区移动到当前文档中，在“图层”面板的下方将自动生成“图层 1”图层，改变素材的大小和位置，如图 5-98 所示。

Step 06 打开素材，解锁背景　执行“文件 > 打开”命令或按快捷键 Ctrl+O，打开天空素材文件，并将“背景”图层进行解锁，转换为“图层 0”图层，如图 5-99 所示。

图 5-98

图 5-99

Step07 调整图层的顺序　使用移动工具将素材拖曳到文档中，得到“图层 2”图层，并调整图层的顺序，改变图像的大小，如图 5-100 所示。

Step08 降低照片的亮度　单击“图层”面板下方的“创建新的填充或调整图层”按钮，在弹出的下拉菜单中选择“亮度 / 对比度”命令，然后设置参数，效果如图 5-101 所示。

图 5-100

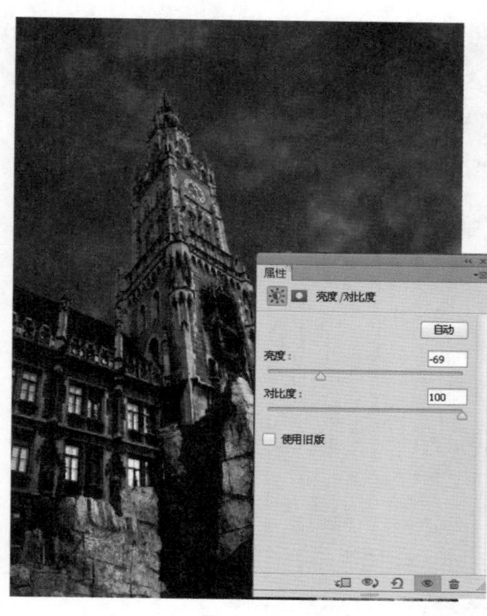

图 5-101

5.4.2　营造城堡的氛围

接下来通过“渐变映射”命令等营造城堡恐怖的氛围。

Step01 改变画面的色相　单击“图层”面板下方的“创建新的填充或调整图层”按钮，在弹出的下拉菜单中选择“渐变映射”命令，然后设置参数，为该图层添加渐变色，如图 5-102 所示。

Step02 改变图层的混合模式　将该图层的混合模式设置为“柔光”，使填充的渐变色与图像融合，效果如图 5-103 所示。

图 5-102

图 5-103

Step03 降低画面的亮度　单击“图层”面板下方的“创建新的填充或调整图层”按钮，在弹出的下拉菜单中选择“曲线”命令，然后设置参数，如图 5-104 所示。

Step04 打开素材，解锁背景　执行“文件 > 打开”命令或按快捷键 Ctrl+O，打开霓虹灯素材文件，并将“背景”图层进行解锁，转换为普通图层，如图 5-105 所示。

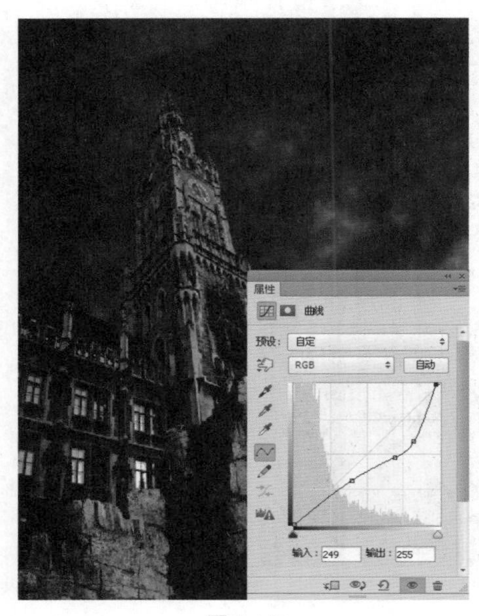

图 5-104

图 5-105

Step05 添加图层蒙版　使用移动工具将素材拖曳到当前文档中，并为该图层添加图层蒙版。选择画笔工具，设置前景色为黑色，在图像上进行涂抹，将不需要的部分隐藏，如图 5-106 所示。

Step06 使用画笔工具在图像上涂抹　新建“图层 4”图层，并移动图层的顺序。选择画笔工具，设置前景色为橘黄色，并调整画笔的不透明度，然后在图像上进行涂抹，如图 5-107 所示。

图 5-106

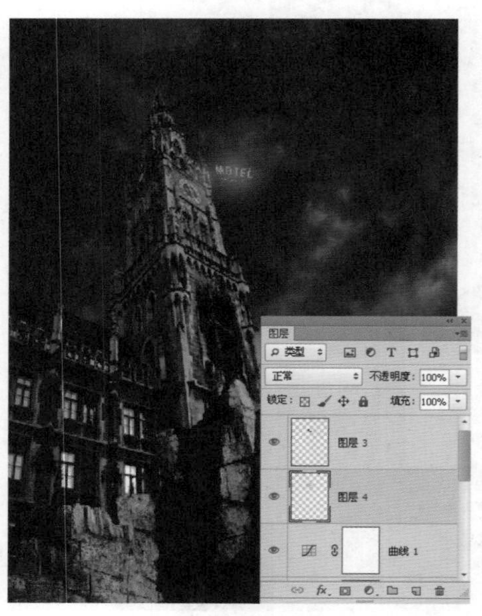

图 5-107

Step 07 设置画笔的参数　新建“图层 5”图层，选择画笔工具，在该工具的选项栏中单击“点按可打开画笔预设选取器”按钮，打开“画笔预设”选取器。单击按钮，在弹出的下拉菜单中选择“载入画笔”命令，然后在“载入”对话框中载入大雁画笔，并选择该画笔，在图像上绘制大雁纷飞的效果，如图 5-108 所示。

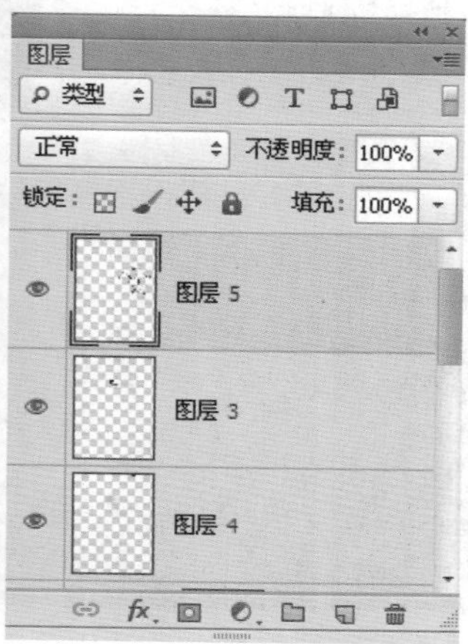

图 5-108

Step 08 调整画面的色调　单击“图层”面板下方的“创建新的填充或调整图层”按钮，在弹出的下拉菜单中选择“可选颜色”命令，然后设置参数，如图 5-109 所示。

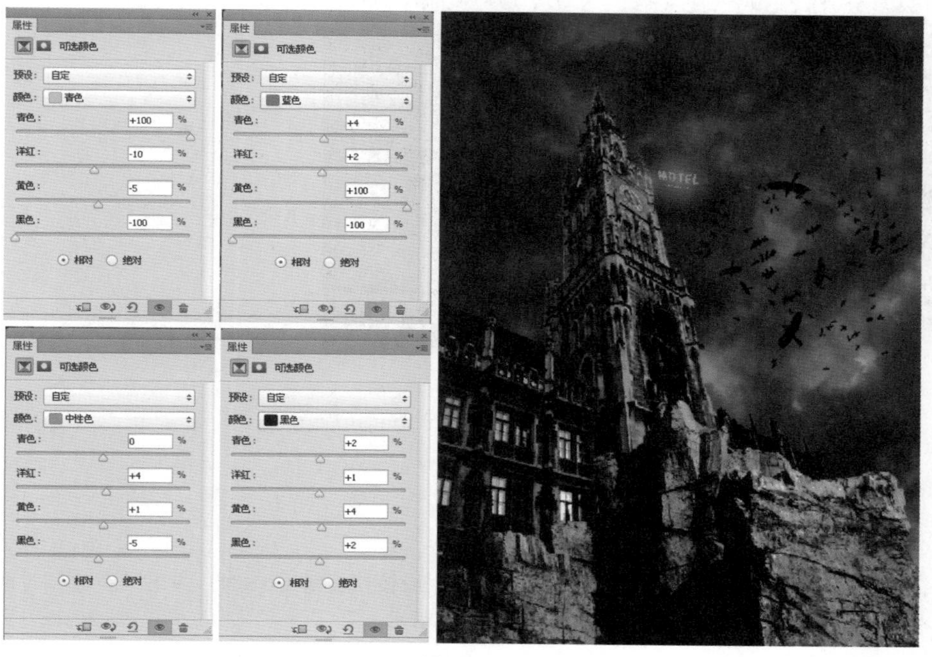

图 5-109

5.5 名表广告的合成

本实例合成名表广告，制作思路为首先使用移动工具将各个素材移动到同一文档中，然后改变素材的大小和位置，通过“可选颜色”“色相/饱和度”“亮度/对比度”等命令，整体改变画面的色调，再搭配图层蒙版的应用原理对画面的色调进行精细调整，从而形成一幅魔幻帝国的景象，完成本实例的制作。如图 5-110 所示为原始图像和最终图像。

原始图像

最终图像

图 5-110

5.5.1 合成城市和建筑

首先合成背景城市和前景建筑的图案。

Step01 新建空白文档　执行“文件 > 新建”命令或按快捷键 Ctrl+N，弹出“新建”对话框，设置各项参数，完成后单击“确定”按钮，如图 5-111 所示。

图 5-111

Step 02 移动素材，改变大小　执行“文件 > 打开”命令或按快捷键 Ctrl+O，打开城市素材文件，然后使用移动工具将其拖曳到新建的“合成”文件中。按快捷键 Ctrl+T，调整图片的大小，并将其进行旋转，效果如图 5-112 所示。

Step 03 打开素材　执行“文件 > 打开”命令或按快捷键 Ctrl+O，打开建筑素材文件，如图 5-113 所示。

图 5-112

图 5-113

Step 04 建立天空选区　使用“多边形套索工具选中天空，按 Delete 键删除，完成后将其拖曳到“合成”文件中，按快捷键 Ctrl+T，调整其大小，如图 5-114 所示。

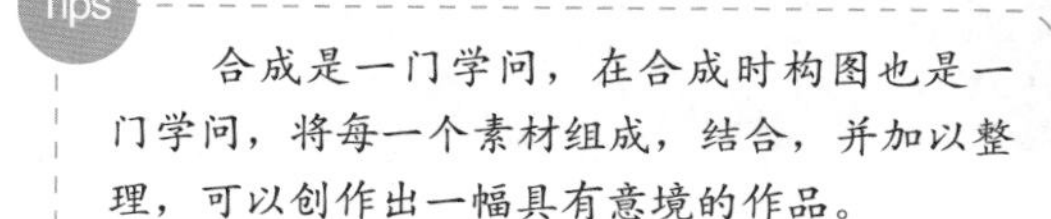
Tips

合成是一门学问，在合成时构图也是一门学问，将每一个素材组成，结合，并加以整理，可以创作出一幅具有意境的作品。

图 5-114

5.5.2 合成人物的裙摆

接下来合成人物的裙摆，处理裙子与背景的衔接。

Step01 打开文件　执行“文件 > 打开”命令或按快捷键 Ctrl+O，打开人物素材文件，如图 5-115 所示。

Step02 将人物建立为选区　选择钢笔工具，绘制人物的外轮廓，完成后按快捷键 Ctrl+Enter 将路径转换成选区，如图 5-116 所示。

图 5-115

图 5-116

Step03 移动人物素材，水平翻转　使用移动工具将人物拖曳到“合成”文件中，按快捷键 Ctrl+T，调整其大小，然后执行“编辑 > 变换 > 水平翻转”命令，并将其调整到如图 5-117 所示的位置。

Step04 改变图层的混合模式　将“图层 2”图层拖曳到“图层”面板下方的“创建新图层”按钮上，并将图层的混合模式修改为“滤色”，效果如图 5-118 所示。

图 5-117

图 5-118

Step05 打开文件　执行“文件 > 打开”命令或按快捷键 Ctrl+O，打开裙摆素材文件，如图 5-119 所示。

Step06 建立人物选区　选择钢笔工具，绘制人物的外轮廓，完成后按快捷键 Ctrl+Enter，将路径转换成选区，如图 5-120 所示。

图 5-119

图 5-120

Step07 拖入素材，变换图像 使用移动工具，将人物拖曳到“合成”文件中，按快捷键 Ctrl+T，调整其大小，然后执行“编辑 > 变换 > 水平翻转”命令。单击“图层”面板下方的“添加图层蒙版”按钮，选择画笔工具，设置前景色为黑色，将人物的上半部分擦除掉，使得两件裙子的合成天衣无缝，效果如图 5-121 所示。

图 5-121

Tips

调整图层蒙版：

在默认情况下，创建调整图层时都会自动添加一个图层蒙版。如果不想让调整图层拥有蒙版，可以取消“调整”面板菜单中对“默认情况下添加蒙版”命令的勾选。

Step08 改变人物裙摆的颜色 现在两件裙子的色调不一致，接下来选择黑色人物所在的图层，单击“图层”面板下方的“创建新的填充或调整图层”按钮，在弹出的下拉菜单中选择“色彩平衡”命令，在“色彩平衡”属性面板中设置“中间调”和“阴影”的各项参数，然后在该属性面板的下方单击“此调整剪切到此图层”按钮，效果如图 5-122 所示。

Step09 继续调整色调 继续单击“图层”面板下方的“创建新的填充或调整图层”按钮，在弹出的下拉菜单中选择“可选颜色”命令，在“可选颜色”属性面板中设置各项参数，然后在该属性面板下方单击“此调整剪切到此图层”按钮，效果如图 5-123 所示。

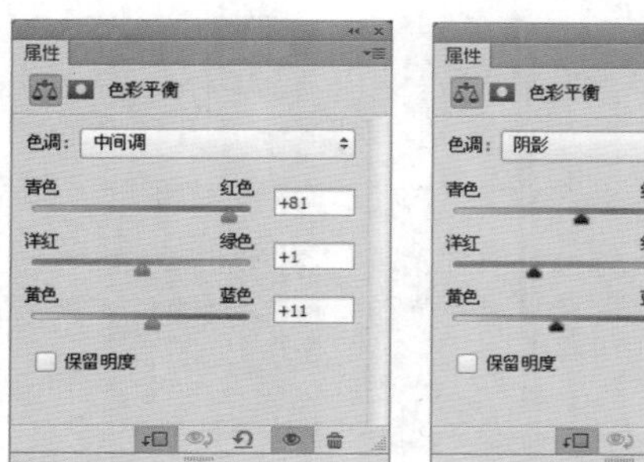

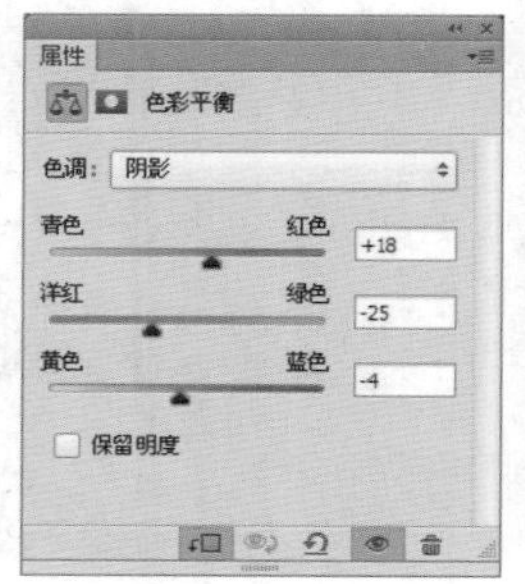

图 5-122

图 5-123

Step 10 降低裙摆的饱和度 选择红色裙子所在的图层，单击“图层”面板下方的“创建新的填充或调整图层”按钮，在弹出的下拉菜单中选择“色相 / 饱和度”命令，在“色相 / 饱和度”属性面板中设置各项参数，然后在该属性面板的下方单击“此调整剪切到此图层”按钮，效果如图 5-124 所示。

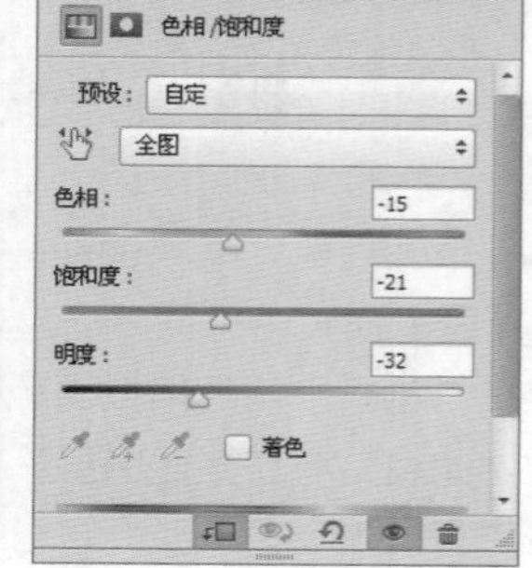

图 5-124

Step 11 降低对比度，使色调一致　单击“图层”面板下方的“创建新的填充或调整图层”按钮，在弹出的下拉菜单中选择“亮度 / 对比度”命令，在“亮度 / 对比度”属性面板中设置各项参数，然后在该属性面板的下方单击“此调整剪切到此图层”按钮，现在两个裙子的色调一致了，如图 5-125 所示。

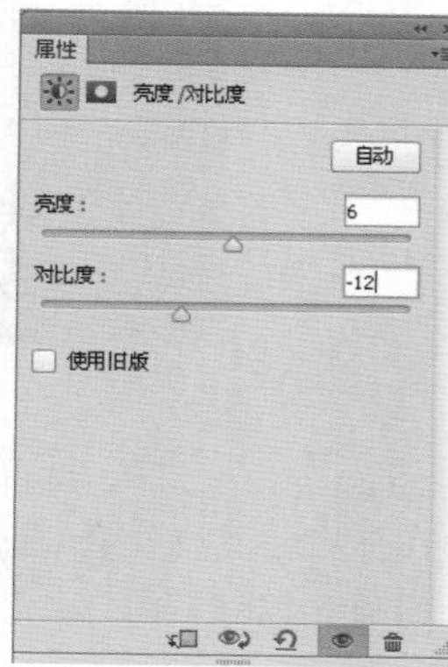

图 5-125

> **Tips**
>
> 删除调整图层：
>
> 选择调整图层，按Delete键，或者将它拖动到“图层”面板底部的按钮上，即可将其删除。如果要保留调整图层，仅删除它的蒙版，可以在调整图层的蒙版上右击，在弹出的快捷菜单中选择“删除图层蒙版”命令。

5.5.3 处理背景天空的氛围

接下来处理远景城市与天空的氛围，让画面的色调偏冷。

Step 01 添加纯色调整图层　选择“图层 1”图层，单击“图层”面板下方的“创建新的填充或调整图层”按钮，在弹出的下拉菜单中选择“纯色”命令，设置颜色值为 R:47,G:65,B:85，并修改图层的混合模式为“叠加”，如图 5-126 所示。

拾色器（纯色）
新的
当前
H: 212 度
S: 45 %
B: 33 %
R: 47
G: 65
B: 85
只有 Web 颜色
2f4155

图 5-126

Step02 降低背景的色彩饱和度　选择“图层1”图层，单击“图层”面板下方的“创建新的填充或调整图层”按钮，在弹出的下拉菜单中选择“自然饱和度”命令，打开“自然饱和度”属性面板，在其中设置各项参数，如图5-127所示。

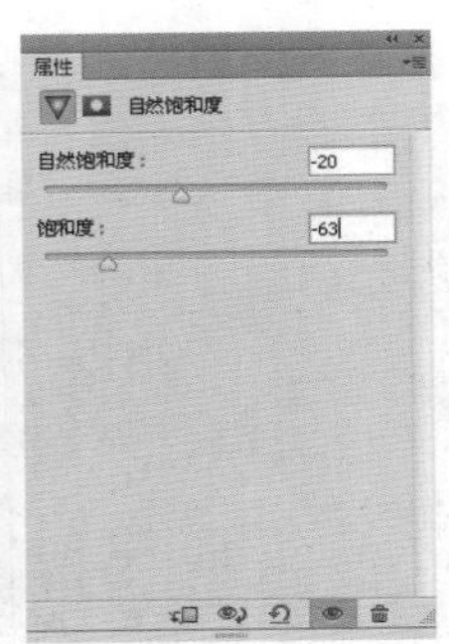

图5-127

Step03 增加蓝色调　选择“图层1”图层，单击“图层”面板下方的“创建新的填充或调整图层”按钮，在弹出的下拉菜单中选择“照片滤镜”命令，打开“照片滤镜”属性面板，在其中设置各项参数，如图5-128所示。

图5-128

Step04 降低色彩饱和度　选择“图层2”图层，单击“图层”面板下方的“创建新的填充或调整图层”按钮，在弹出的下拉菜单中选择“自然饱和度”命令，打开“自然饱和度”属性面板，在其中设置各项参数，如图5-129所示。

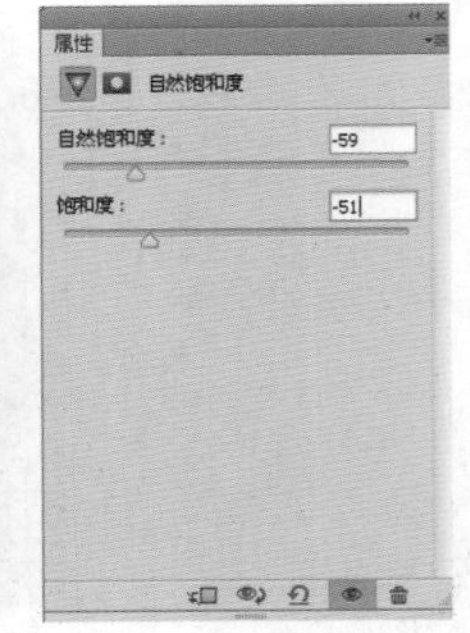

图5-129

Step05 添加纯色调整图层　选择“图层2”图层，单击“图层”面板下方的“创建新的填充或调整图层”按钮，在弹出的下拉菜单中选择“纯色”命令，打开“拾色器（纯色）”对话框，设置颜色值为R:82,G:86,B:91，并修改图层的混合模式为“颜色”，如图5-130所示。

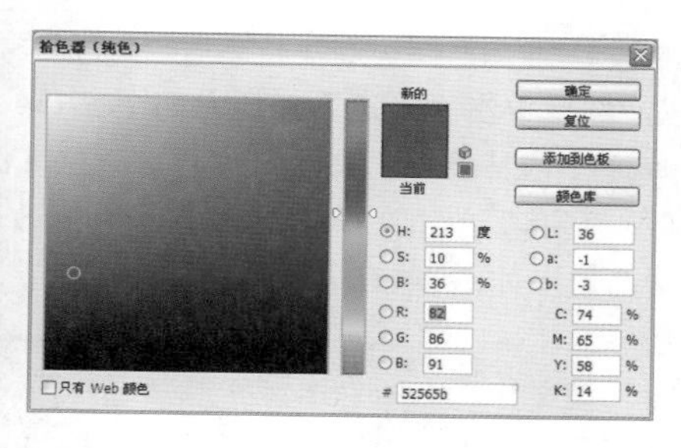

图 5-130

Step06 改变图层的混合模式 创建新图层，按下 D 键，将前景色设置为默认值，然后执行“滤镜 > 渲染 > 云彩”命令，并修改图层的混合模式为“叠加”。按快捷键 Ctrl+T，将云彩缩小，放到右上角天空所在的位置，然后单击“图层”面板下方的“添加图层蒙版”按钮，选择画笔工具，设置前景色为黑色，将边缘部分擦除掉，效果如图 5-131 所示。

图 5-131

Step07 打开素材 执行“文件 > 打开”命令或按快捷键 Ctrl+O，打开地形素材文件，如图 5-132 所示。

Step08 使用蒙版隐藏图像 选择移动工具，将素材移动到“合成”文件中，调整其大小，并将其放到右上角。单击“图层”面板下方的“添加图层蒙版”按钮，选择画笔工具，设置前景色为黑色，擦除掉地面部分和遮盖住的城堡，如图 5-133 所示。

图 5-132

图 5-133

5.5.4 合成雨景与月光

接下来绘制雨景，并调整月光下的氛围。

Step01 填充色调　创建新图层，执行“编辑 > 填充”命令，在弹出的“填充”对话框中选择“50%灰色”，然后单击“确定”按钮，如图 5-134 所示。

Step02 添加杂色　执行“滤镜 > 杂色 > 添加杂色”命令，弹出“添加杂色”对话框，在其中设置参数，完成后单击“确定”按钮，并修改图层的混合模式为“滤色”，按快捷键 Ctrl+Shift+L 加强色阶，效果如图 5-135 所示。

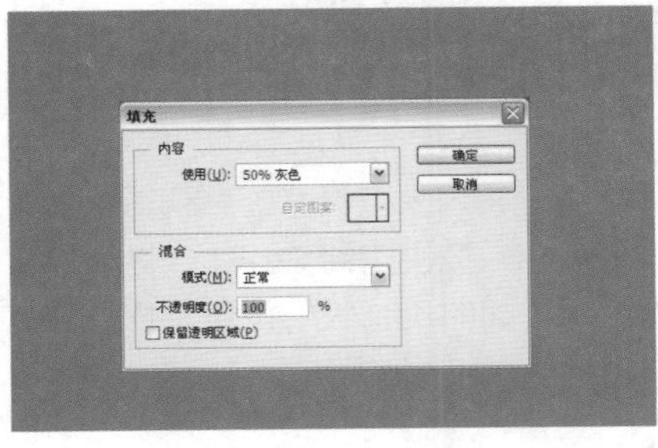

图 5-134

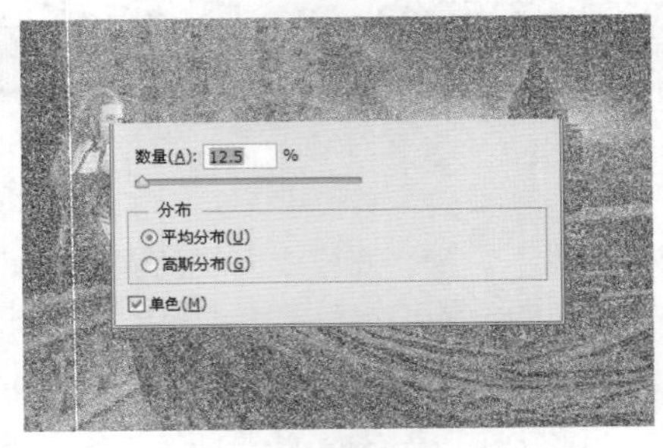

图 5-135

Step03 模糊画面效果　执行“滤镜 > 模糊 > 动感模糊”命令，弹出“动感模糊”对话框，设置参数如图 5-136 所示。

Step04 增加明暗对比　添加“色阶”调整图层，设置参数，增加照片的明暗对比，如图 5-137 所示。

图 5-136

图 5-137

Step05 改变混合模式　下面制作圆月，创建新图层，使用椭圆选框工具绘制椭圆，并填充白色到透明的渐变，完成后修改图层的混合模式为“明度”，效果如图 5-138 所示。

Step06 添加外发光效果　双击图层的缩览图，弹出“图层样式”对话框，勾选“外发光”选项，设置发光色的值为 R:122,G:121,B:123，并设置外发光的其他参数，如图 5-139 所示。

图 5-138

图 5-139

Step 07 绘制人物阴影　创建新图层，将其放在人物图层的下方，然后选择画笔工具，设置前景色为黑色，绘制人物的阴影，效果如图 5-140 所示。

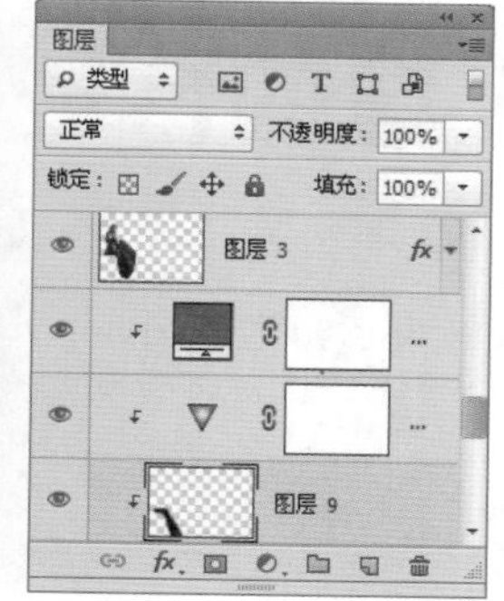

图 5-140

Step 08 盖印图层，填充颜色，改变混合模式　按快捷键 Ctrl+Alt+Shift+E 盖印图层，单击“图层”面板下方的“创建新图层”按钮，设置前景色的值为 R:111,G:114,B:124，然后按快捷键 Alt+Delete 填充前景色，并将图层的混合模式修改为“柔光”，效果如图 5-141 所示。

Step 09 绘制高光　创建新图层，将图层的混合模式修改为“柔光”，然后将前景色设置为浅蓝色，在画面上进行绘制，绘制出人物发出的光源以及月光照射在城堡上的高光，效果如图 5-142 所示。

图 5-141

图 5-142

Step 10 合成图像和文字　创建新图层，按 D 键，恢复前景色和背景色为默认值，然后执行“滤镜 > 渲染 > 云彩”命令，并将图层的混合模式修改为“柔光”。单击“图层”面板下方的“添加图层蒙版”按钮，选择画笔工具，将裙摆上的云彩擦除掉。将图像和文字素材导入，并进行排序，最终完成合成效果，如图 5-143 所示。

图 5-143

第 6 章

唯美人像的合成

本章主要介绍如何用 Photoshop 处理人像与背景的合成。人像合成是应用最广泛的合成之一，在人像合成的过程中，要对图像中不需要的区域进行替换，例如人像、背景、场景中的物体等。

6.1 唯美人物的合成

本实例合成唯美人物，制作思路为使用快速选择工具将素材中的部分图像建立为选区，创建剪贴蒙版将背景巧妙地与人物图像进行融合，使用图层混合模式将背景素材进行叠加，改变图像的色调，并对画面的色调进行调节。如图 6-1 所示为原始图像和最终图像。

原始图像

最终图像

图 6-1

6.1.1　给前景人物去背景

首先给前景人物去背景。

Step01 打开图像，解锁背景　打开素材文件，在按住 Alt 键的同时双击“背景”图层，将“背景”图层进行解锁，转换为普通图层，得到“图层 0”图层，如图 6-2 所示。

Step02 水平翻转图像　按快捷键 Ctrl+T 进行自由变换，在图像四周会出现可调节的控制点，在控制框内右击，在弹出的快捷菜单中选择“水平翻转”命令水平翻转图像，如图 6-3 所示。

图 6-2

图 6-3

Step03 建立选区　选择工具箱中的快速选择工具，在图像上单击并拖曳建立选区，这里将人物和背景中的图像建立为选区，如图 6-4 所示。

Step04 删除背景　在选区建立完成后，按 Delete 键将选区内的图像删除，如图 6-5 所示。

图 6-4

图 6-5

6.1.2 替换背景

接下来将背景素材与人物进行合成。

Step01 为选区填充白色　单击“图层”面板下方的“创建新图层”按钮，新建“图层 1”图层，然后设置前景色为白色，按快捷键 Alt+Delete 为选区填充白色，按快捷键 Ctrl+D 取消选区，如图 6-6 所示。

Step02 打开素材，解锁背景　打开素材文件，在按住 Alt 键的同时双击“背景”图层，将“背景”图层进行解锁，转换为普通图层，得到“图层 0”图层，如图 6-7 所示。

图 6-6

图 6-7

Step03 移动素材，改变大小　使用移动工具将素材移动到当前文档中，此时在“图层”面板的下方将自动生成“图层 2”图层，改变素材的大小和位置，如图 6-8 所示。

Step04 创建剪贴蒙版　选择“图层 2”图层，右击，在弹出的快捷菜单中选择“创建剪贴蒙版”命令，此时素材中的图像将与背景融合，如图 6-9 所示。

图 6-8

图 6-9

6.1.3　处理背景色调

接下来处理背景的色调。

Step 01 移动素材，改变大小　使用移动工具将素材移动到当前文档中，此时在“图层”面板的下方将自动生成“图层 3”图层，改变素材的大小和位置，如图 6-10 所示。

Step 02 打开素材，解锁背景　打开素材文件，在按住 Alt 键的同时双击“背景”图层，将“背景”图层进行解锁，转换为普通图层，得到“图层 0”图层，如图 6-11 所示。

图 6-10

图 6-11

Step 03 将素材与背景融合　将“图层 3”图层的混合模式设置为“强光”，从而将该素材与刚才素材进行完美的融合，如图 6-12 所示。

Step 04 添加蒙版，隐藏图像　选择“图层 2”图层，单击“图层”面板下方的“创建图层蒙版”按钮，为该图层添加图层蒙版，然后选择画笔工具，设置前景色为黑色，在图像上进行涂抹，如图 6-13 所示。

图 6-12

图 6-13

Step05 调出选区　在按住 Ctrl 键的同时单击“图层 1”图层的缩览略图，选择该图层的选区，以方便进行下一步的制作，效果如图 6-14 所示。

Step06 调整图层的顺序　按快捷键 Ctrl+J，将选区进行复制，得到“图层 4”图层，然后调整“图层 4”图层到“图层”面板的最上方，并调整该图层的不透明度，如图 6-15 所示。

图 6-14

图 6-15

Step07 为选区填充颜色　使用同样的方法将“图层 4”图层中的选区选择出来，然后双击工具箱中的“设置前景色”按钮，弹出“拾色器（前景色）”对话框，设置参数。新建“图层 5”图层，为该图层填充前景色，然后按快捷键 Ctrl+D，取消选区，如图 6-16 所示。

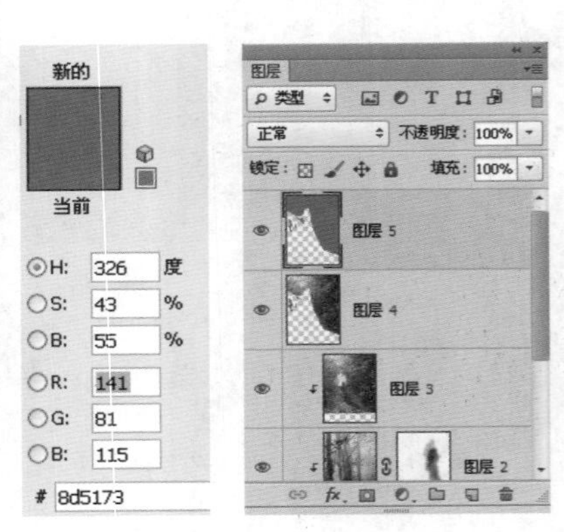

图 6-16

Step08 调整不透明度　选择“图层 5”图层，将该图层的混合模式设置为“色相”，并调整其不透明度为 80%，效果如图 6-17 所示。

图 6-17

Step09 增加画面的阴影　继续单击“图层”面板下方的“创建新的填充或调整图层”按钮，在弹出的下拉菜单中选择“可选颜色”命令，打开“可选颜色”属性面板，在“颜色”下拉列表中分别选择黑色、白色、洋红色和中性色进行参数的调节，效果如图 6-18 所示。

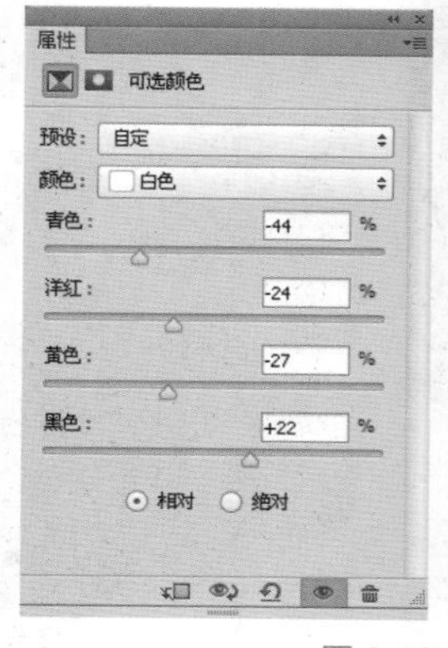

图 6-18

6.1.4　匹配整体色调

接下来处理背景的色调。

Step01 使用画笔工具进行涂抹　新建“图层 6”图层，设置前景色，然后选择画笔工具，在图像上进行涂抹，使图像中的色调更加和谐，如图 6-19 所示。

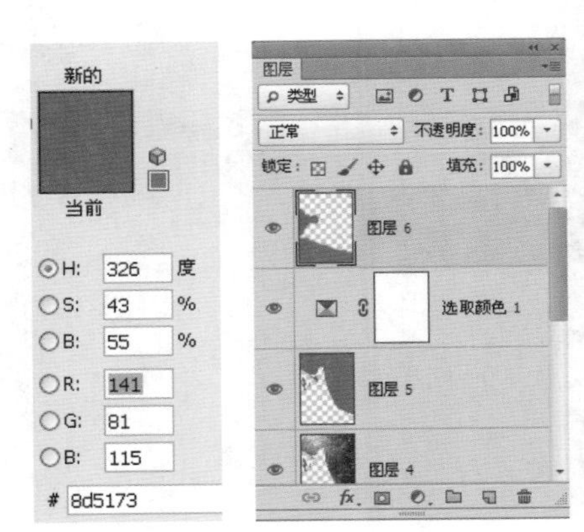

图 6-19

Step02 改变混合模式　将“图层 6”图层的混合模式设置为“色相”，并调整不透明度，使画面中涂抹的部分与其他色调相协调，如图 6-20 所示。

Step03 增强照片的明暗对比　单击“图层”面板下方的“创建新的填充或调整图层”按钮，在弹出的下拉菜单中选择“亮度 / 对比度”命令，打开“亮度 / 对比度”属性面板，在其中调节参数，增强照片的明暗对比，如图 6-21 所示。

图 6-20

图 6-21

6.2 合成云雾与人物效果

本实例合成云雾与人物效果，制作思路为首先使用裁剪工具将画面中多余的部分裁剪掉，通过“渐变映射”和“亮度 / 对比度”等命令对画面的色调进行调整，然后使用移动工具将人物移动到素材中，并再次对画面的色调进行调整，使画面的色调统一、和谐，本实例制作完成。如图 6-22 所示为原始图像和最终图像。

原始图像

最终图像

图 6-22

6.2.1 处理场景色调

首先处理场景的色调。

Step 01 打开文件　执行“文件 > 打开”命令或按快捷键 Ctrl+O，打开背景素材文件，如图 6-23 所示。

Step 02 裁剪图像　选择工具箱中的裁剪工具，在图像上拖曳绘制出裁剪区域，其中灰色的区域是将被裁剪掉的部分，如图 6-24 所示。

图 6-23

图 6-24

Step 03 改变画面的色调 在“图层”面板的下方单击“创建新的填充或调整图层”按钮，在弹出的下拉菜单中选择“渐变映射”命令，然后调节参数，效果如图 6-25 所示。

Step 04 增强画面的对比 在“图层”面板的下方单击“创建新的填充或调整图层”按钮，在弹出的下拉菜单中选择“亮度 / 对比度”命令，打开“亮度 / 对比度”属性面板，设置“亮度”为 36、“对比度”为 100，增强图像的明暗对比效果，如图 6-26 所示。

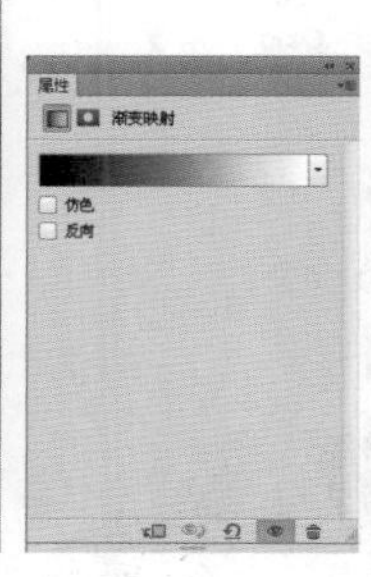

图 6-25

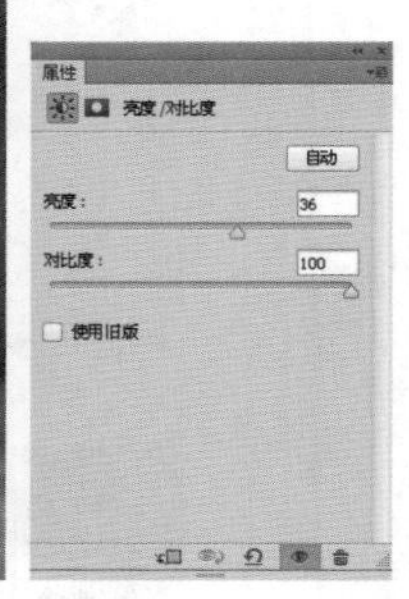

图 6-26

Step 05 为画面增加蓝色调 在“图层”面板的下方单击“创建新的填充或调整图层”按钮，在弹出的下拉菜单中选择“曲线”命令，打开“曲线”属性面板，在其中选择“蓝”通道，调节参数，效果如图 6-27 所示。

Step 06 使用蒙版进行调整 在“曲线”属性面板中单击“蒙版”按钮，切换到蒙版状态，然后选择工具箱中的画笔工具，设置前景色为黑色，在图像的下方位置进行涂抹，将不需要的部分隐藏，如图 6-28 所示。

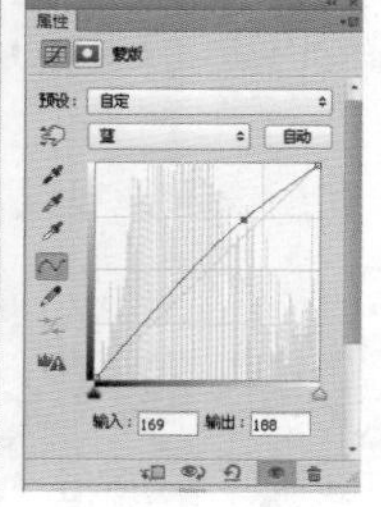

图 6-27

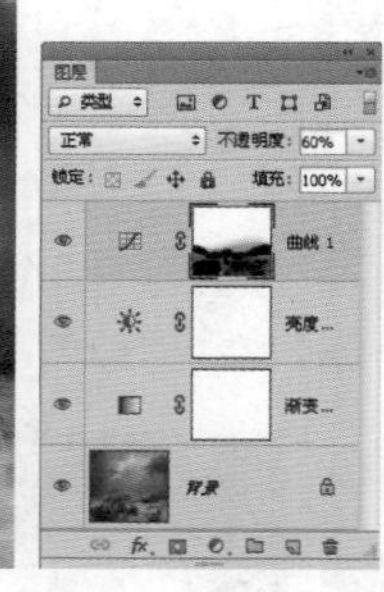

图 6-28

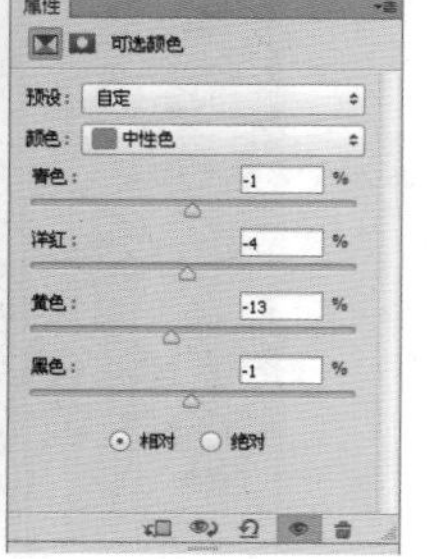

图 6-29

Step 07 调整画面的整体色调 在“图层”面板的下方单击“创建新的填充或调整图层”按钮，在弹出的下拉菜单中选择“可选颜色”命令，打开“可选颜色”属性面板，在“颜色”下拉列表中选择“中性色”，并调节参数，如图 6-29 所示。

6.2.2　在场景中合成人物

下面对物素材进行抠像，并将其加入场景中。

图 6-30

Step01 将人物建立为选区　执行“文件 > 打开”命令或按快捷键 Ctrl+O，打开人物素材文件，然后选择工具箱中的快速选择工具，在人物的身上进行拖曳，建立为选区，效果如图 6-30 所示。

Step02 拖动人物到背景中　使用移动工具将人物移动到当前文档中，此时在“图层”面板的下方将自动生成“图层 1”图层，然后按快捷键 Ctrl+T 进行自由变换，改变人物的大小和位置，如图 6-31 所示。

图 6-31

Step03 涂抹人物，使人物与背景融合　新建“图层 2”图层，选择工具箱中的画笔工具，然后在该工具的选项栏中设置参数，设置前景色为灰色，在图像上进行涂抹，并将该图层的混合模式设置为“强光”，如图 6-32 所示。

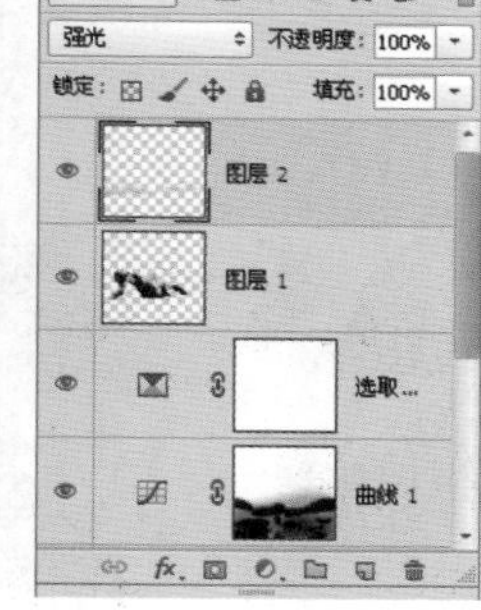

图 6-32

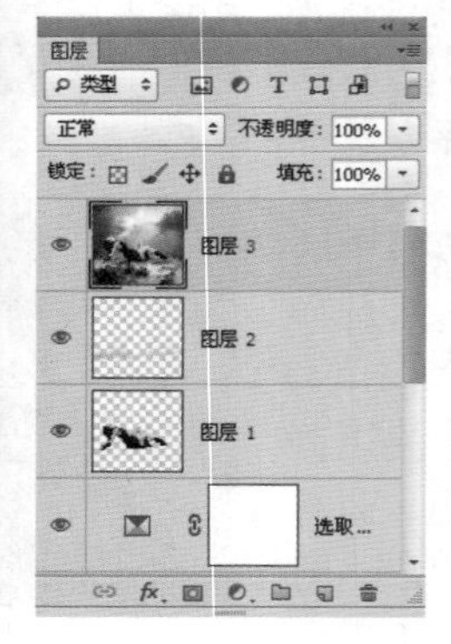

图 6-33

Step04 盖印图层　按快捷键 Ctrl+Alt+Shift+E 盖印图层，生成“图层 3”图层，如图 6-33 所示。

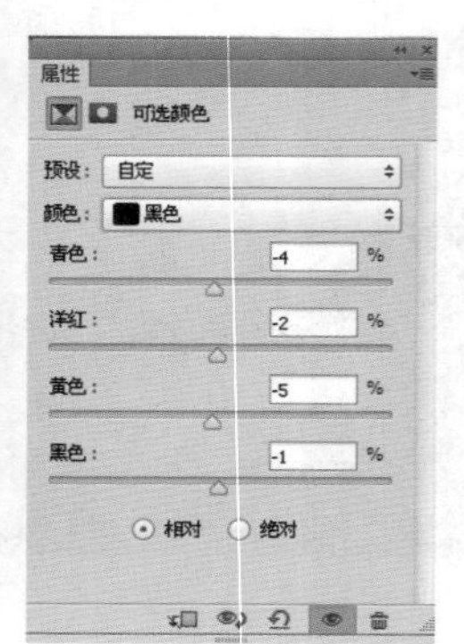

图 6-34

Step05 增加画面的暗部色调　在“图层”面板的下方单击“创建新的填充或调整图层”按钮，在弹出的下拉菜单中选择“可选颜色”命令，打开“可选颜色”属性面板，在“颜色”下拉列表中选择“黑色”，并调节参数，效果如图 6-34 所示。

图 6-35

Step06 涂抹人物　单击“选取颜色 1”图层的蒙版缩览图，使该图层的蒙版处于选中状态，然后选择工具箱中的画笔工具，在选项栏中选择柔角笔头，设置前景色为黑色，在图像上除人物以外的地方进行涂抹，效果如图 6-35 所示。

6.2.3　在场景中合成烟雾

下面在场景中合成烟雾。

Step01 绘制烟雾效果　单击“图层”面板下方的“创建新图层”按钮，新建“图层 4”图层。选择画笔工具，在该工具的选项栏中单击“点按可打开画笔预设选取器”按钮，打开“画笔预设”选取器，单击按钮，在弹出的下拉菜单中选择“载入画笔”命令，然后在弹出的“载入”对话框中载入烟雾画笔，并选择该画笔，在图像上绘制烟雾效果，如图 6-36 所示。

图 6-36

Step02 增加褐色调　按快捷键 Ctrl+Alt+Shift+E 盖印图层，生成“图层 5”图层。单击“图层”面板下方的“创建新图层”按钮，新建“图层 6”图层，然后在工具箱中单击“设置前景色”按钮，在弹出的对话框中设置参数，为“图层 6”图层填充该颜色，并将该图层的混合模式设置为“颜色”，效果如图 6-37 所示。

图 6-37

Step03 添加蒙版，调整画面　单击“图层”面板下方的“添加图层蒙版”按钮，为“图层 6”图层添加图层蒙版。选择画笔工具，设置前景色为黑色，在图像上进行涂抹，将不需要的部分隐藏，效果如图 6-38 所示。

图 6-38

6.3 恬静少女的合成

本实例合成恬静的少女，制作思路为使用图层蒙版将素材进行融合，形成人物的背景，执行“自然饱和度”命令降低图像的色调饱和度，将图像原本的色调去除，执行“色彩平衡”和“可选颜色”等命令改变图像的色调，执行“动感模糊”命令为图像添加柔和效果，使用快速选择工具将人物和素材与图像进行合成，本实例制作完成。如图 6-39 所示为原始图像和最终图像。

原始图像

最终图像

图 6-39

6.3.1 天空和海平面的合成

首先将天空和海平面进行合成。

Step01 新建空白文档　执行“文件 > 新建”命令或按快捷键 Ctrl+N，在弹出的“新建”对话框中设置参数，新建一个空白文档，如图 6-40 所示。

Step02 打开文件，解锁背景　执行“文件 > 打开”命令或按快捷键 Ctrl+O，打开天空素材文件，然后在按住 Alt 键的同时双击“背景”图层，将其进行解锁，转换为普通图层，得到“图层 0”图层，如图 6-41 所示。

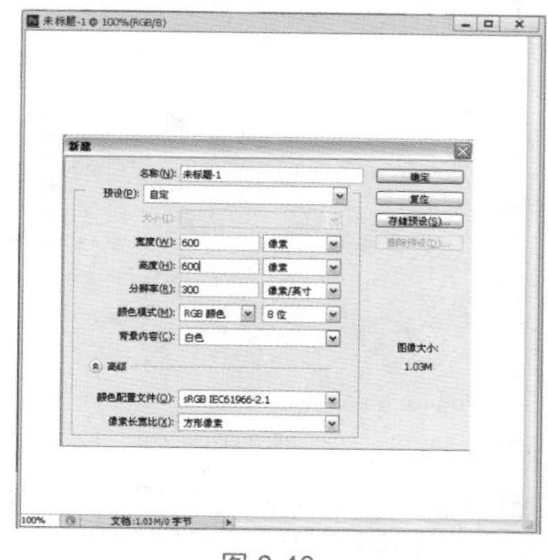

图 6-40

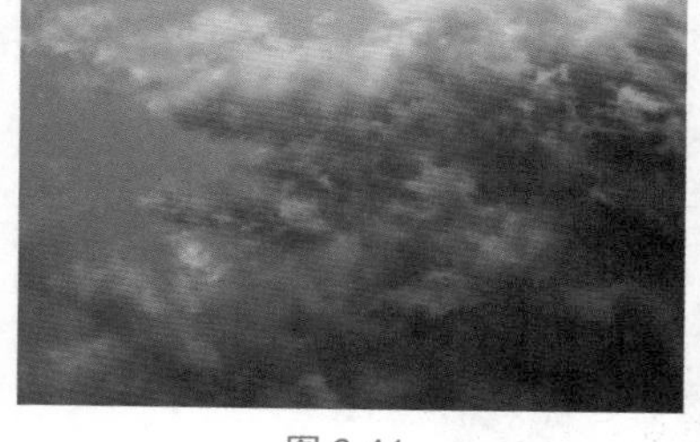

图 6-41

Tips

在移动图像时被锁定的“背景”图层无法移动，必须将其转换为普通图层之后才能进行移动，其方法如下：

（1）双击被锁定的“背景”图层，在弹出的“新建图层”对话框中设置参数，然后单击“确定”按钮。

（2）选中“背景”图层，然后单击鼠标右键，在弹出的快捷菜单中选择“背景图层”命令，打开“新建图层”对话框，设置相关参数。

Step03 打开文件，解锁背景　执行“文件 > 打开”命令或按快捷键 Ctrl+O，打开海平面素材文件，然后在按住 Alt 键的同时双击“背景”图层，将其进行解锁，转换为普通图层，得到“图层 0”图层，如图 6-42 所示。

Step04 改变素材大小　使用移动工具将素材移动到当前操作的文档中，此时在“图层”面板的下方将自动生成“图层 1”图层，改变素材的大小和位置，如图 6-43 所示。

图 6-42

图 6-43

Step 05 添加蒙版，隐藏图像　单击“图层”面板下方的“添加图层蒙版”按钮，为该图层添加图层蒙版，然后选择工具箱中的画笔工具，选择柔角画笔，将前景色设置为黑色，在图像上进行涂抹，将不需要的部分进行隐藏，如图 6-44 所示。

Step 06 降低画面的饱和度　单击“图层”面板下方的“创建新的填充或调整图层”按钮，在弹出的下拉菜单中选择“自然饱和度”命令，打开“自然饱和度”属性面板，调节参数，降低图像的饱和度，如图 6-45 所示。

图 6-44

图 6-45

Step 07 改变画面的色调　单击“图层”面板下方的“创建新的填充或调整图层”按钮，在弹出的下拉菜单中选择“色彩平衡”命令，打开“色彩平衡”属性面板，调节参数，改变照片的色调，如图 6-46 所示。

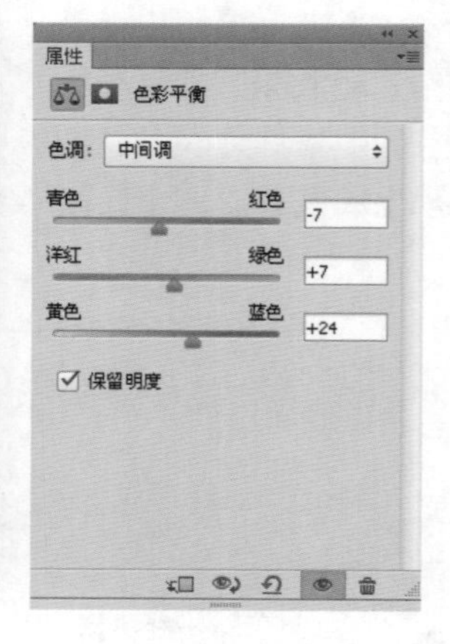

图 6-46

Step 08 调整画面的色调　单击“图层”面板下方的“创建新的填充或调整图层”按钮，在弹出的下拉菜单中选择“可选颜色”命令，打开“可选颜色”属性面板，在“颜色”下拉列表中分别选择白色、中性色、黑色和青色进行参数的调节，如图 6-47 所示。

图 6-47

Step09 降低画面的亮度　单击“图层”面板下方的“创建新的填充或调整图层”按钮，在弹出的下拉菜单中选择“亮度 / 对比度”命令，打开“亮度 / 对比度”属性面板，调节参数，降低照片的亮度，如图 6-48 所示。

Step10 复制图层　选择“图层 2”图层，将其拖曳到“图层”面板下方的“创建新图层”按钮上，将其进行复制，得到“图层 2 副本”图层，如图 6-49 所示。

图 6-48

图 6-49

Step11 添加动感模糊效果　选择“图层 2 副本”图层，执行“滤镜 > 模糊 > 动感模糊”命令，在弹出的“动感模糊”对话框中设置参数，为图像添加模糊效果，如图 6-50 所示。

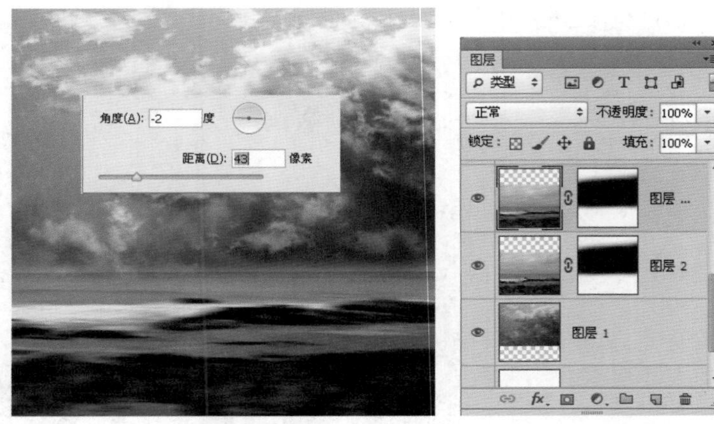

图 6-50

Step12 添加蒙版，隐藏图像　选择“图层 2 副本”图层的图层蒙版缩览图，将蒙版处于选中状态，然后选择工具箱中的画笔工具，设置前景色为黑色，在该图层上石头的地方进行涂抹，如图 6-51 所示。

图 6-51

Step13 盖印图层，模糊图像　按快捷键 Ctrl+Alt+Shift+E 盖印图层，生成“图层 3”图层，然后执行“滤镜 > 模糊 > 高斯模糊”命令，在弹出的“高斯模糊”对话框中设置参数，如图 6-52 所示。

图 6-52

Step 14 改变图层的混合模式　选择“图层 3”图层，将该图层的混合模式设置为“柔光”，并调整该图层的不透明度为 50%，如图 6-53 所示。

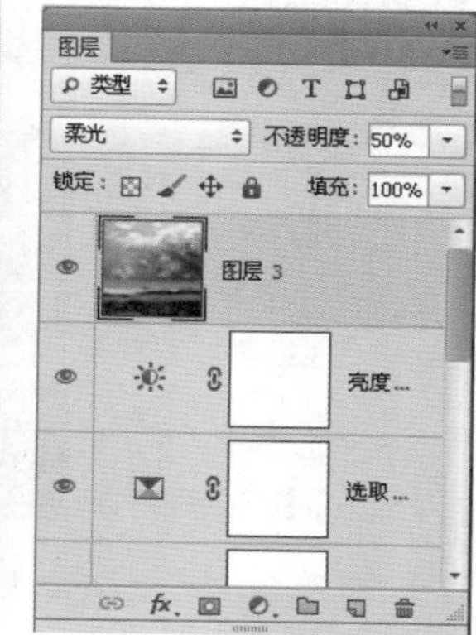

图 6-53

Step 15 降低画面的饱和度　单击“图层”面板下方的“创建新的填充或调整图层”按钮，在弹出的下拉菜单中选择“色相 / 饱和度”命令，打开“色相 / 饱和度”属性面板，调节参数，改变图像的色调，如图 6-54 所示。

图 6-54

Step 16 选中蒙版，隐藏图像　选择“色相 / 饱和度 1”图层的图层蒙版缩览图，将前景色设置为黑色，然后使用柔角画笔在图像上进行涂抹，将图像上方不需要的部分隐藏，再设置前景色为灰色，在图像下方进行涂抹，如图 6-55 所示。

图 6-55

Tips

蒙版中的纯黑色区域可以遮盖当前图层中的图像，显示出下面图层中的内容；蒙版中的灰色区域会根据其灰度值使当前图层中的图像呈现出不同层次的透明效果。

图 6-56

Step17 改善画面的色调　单击“图层”面板下方的“创建新的填充或调整图层”按钮，在弹出的下拉菜单中选择“自然饱和度”命令，打开“自然饱和度”属性面板，调节参数，如图 6-56 所示。

6.3.2　十字架的合成

接下来将十字架素材合成到海平面上，并调整其透视。

Step01 打开文件，建立选区　按快捷键 Ctrl+O，打开素材文件，然后选择工具箱中的快速选择工具，在图像上拖曳并建立选区，将图像中的十字架图像建立为选区，效果如图 6-57 所示。

图 6-57

Tips

打开文件的快捷方式：

在Photoshop中还有一种更快捷的打开文件的方式，即在Photoshop界面的工作区中双击鼠标左键，弹出“打开”对话框，然后选择需要打开的文件的路径，单击“打开”按钮。

Step02 改变素材的大小　使用移动工具将该素材移动到当前文档中，按快捷键 Ctrl+T，改变图像的大小，并调整其到合适的位置，如图 6-58 所示。

Step03 调整图层的顺序　选择“图层 4”图层，移动该图层的顺序，可以随之改变图像的色调，如图 6-59 所示。

图 6-58

图 6-59

Step04 改变素材的色调　执行“图像 > 调整 > 色彩平衡”命令或按快捷键 Ctrl+B，弹出“色彩平衡”对话框，调节参数，改变十字架的色调，如图 6-60 所示。

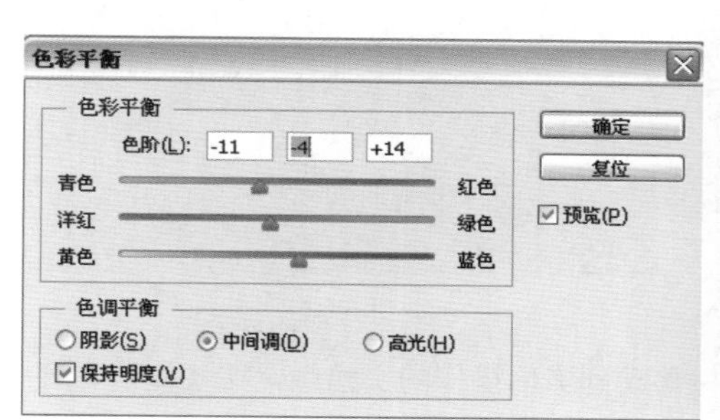

图 6-60

Step05 降低十字架的饱和度　执行“图像 > 调整 > 自然饱和度”命令，弹出“自然饱和度”对话框，调节参数，降低十字架图像的饱和度，如图 6-61 所示。

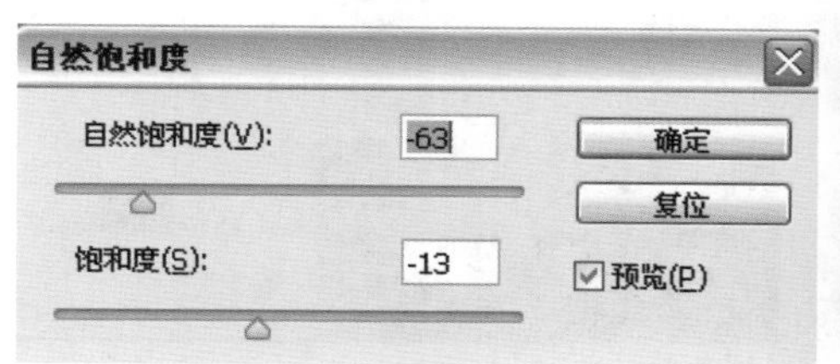

图 6-61

6.3.3 人物的抠像及调色

下面对人物素材抠像，并根据场景的色调进行调色。

Step01 打开素材　执行“文件 > 打开”命令或按快捷键 Ctrl+O，在弹出的“打开”对话框中选择需要打开的文件，单击“打开”按钮，将人物素材打开，如图 6-62 所示。

Step02 建立人物选区　选择工具箱中的快速选择工具，在图像上拖曳并建立选区，将图像中的人物建立为选区，如图 6-63 所示。

图 6-62

图 6-63

Step03 改变人物的大小　使用移动工具将素材移动到当前操作的文档中，按快捷键 Ctrl+T，改变素材的大小和位置，如图 6-64 所示。

Step04 将人物载入选区　在按住 Ctrl 键的同时单击“图层 5”图层的图层缩览图，选择该图层的选区，此时在人物的身上将出现蚂蚁线，确定选区，如图 6-65 所示。

图 6-64

图 6-65

Step05 调整人物的色彩　单击“图层”面板下方的“创建新的填充或调整图层”按钮，在弹出的下拉菜单中选择“可选颜色”命令，打开“可选颜色”属性面板，在“颜色”下拉列表中分别选择红色、黄色、青色和白色进行参数的调节，如图 6-66 所示。

图 6-66

Step06 增加人物的饱和度　单击“图层”面板下方的“创建新的填充或调整图层”按钮，在弹出的下拉菜单中选择“自然饱和度”命令，打开“自然饱和度”属性面板，调节参数，如图 6-67 所示。

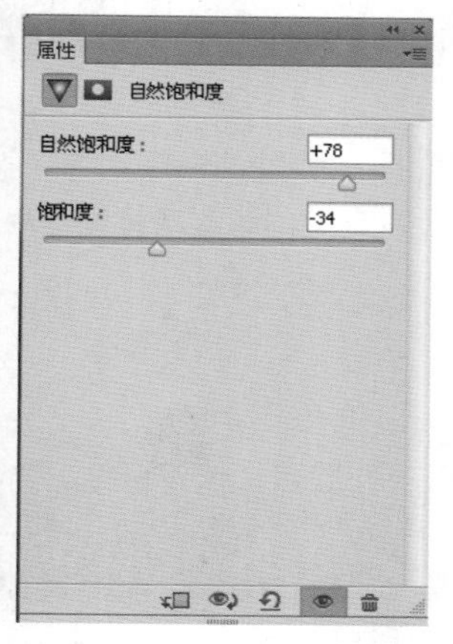

图 6-67

Step07 改变画面的色调　单击“图层”面板下方的“创建新的填充或调整图层”按钮，在弹出的下拉菜单中选择“照片滤镜”命令，打开“照片滤镜”属性面板，在“滤镜”下拉列表中选择“深黄”，然后调节“浓度”的值，如图 6-68 所示。

Step08 增加图像的亮度　单击“图层”面板下方的“创建新的填充或调整图层”按钮，在弹出的下拉菜单中选择“曲线”命令，打开“曲线”属性面板，调节参数，如图 6-69 所示。

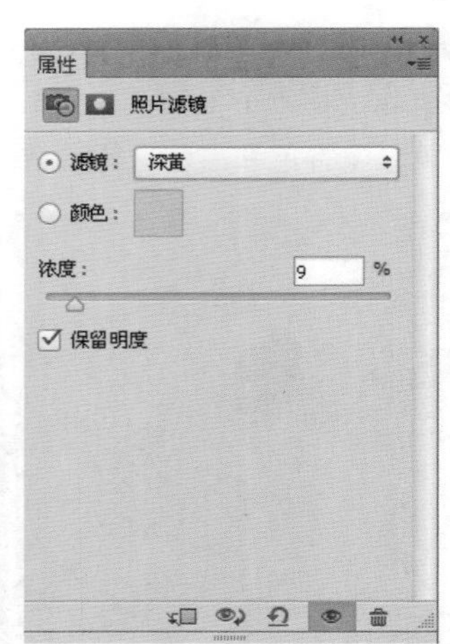

图 6-68

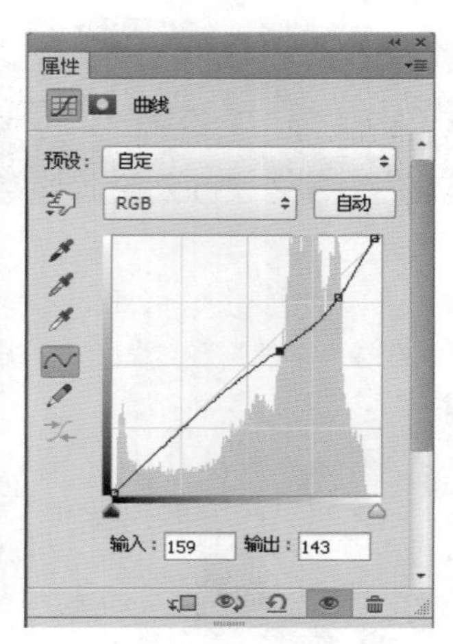

图 6-69

Step 09 盖印图层，模糊图像　按快捷键 Ctrl+Alt+Shift+E 盖印图层，生成“图层 6”图层，然后执行“滤镜 > 模糊 > 高斯模糊”命令，在弹出的“高斯模糊”对话框中设置参数，如图 6-70 所示。

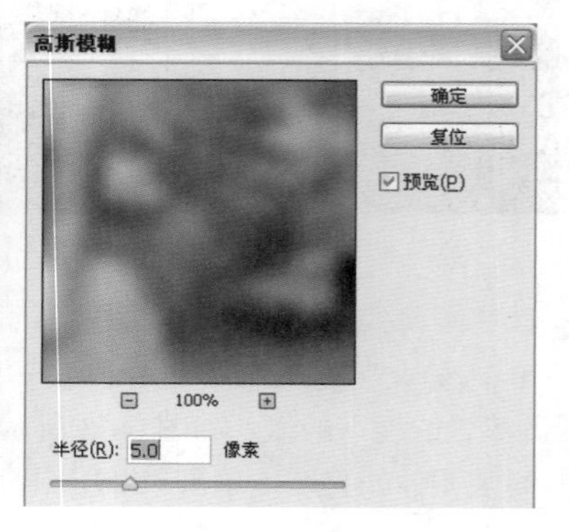

图 6-70

Step 10 设置图层的混合模式　选择“图层 6”图层，将该图层的混合模式设置为“柔光”，并调节不透明度的值为 50%，效果如图 6-71 所示。

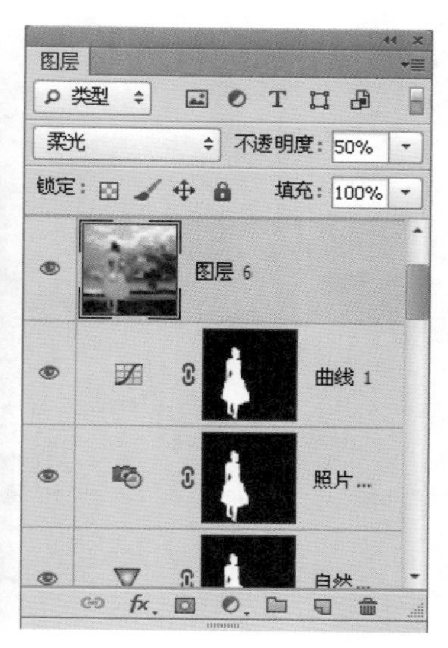

图 6-71

Step 11 添加蒙版，隐藏图像　单击“图层”面板下方的“添加图层蒙版”按钮，为该图层添加图层蒙版，然后选择工具箱中的画笔工具，设置前景色为黑色，在图像上进行涂抹，如图 6-72 所示。

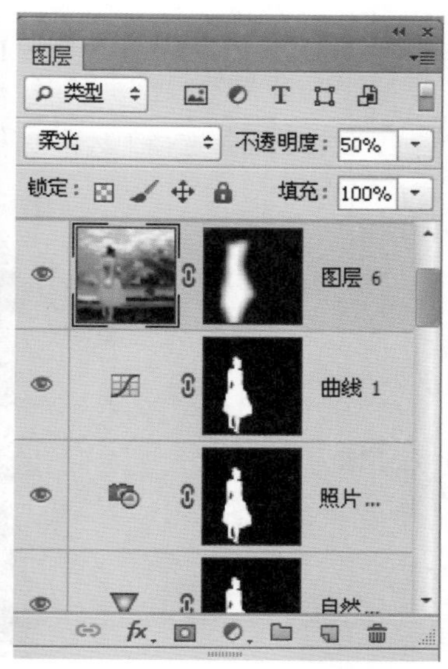

图 6-72

6.3.4　花瓣素材的合成

下面将花瓣素材合成到场景中。

Step01 打开文件，解锁背景　按快捷键 Ctrl+O 打开花瓣素材文件，然后在按住 Alt 键的同时双击“背景”图层，将其进行解锁，转换为普通图层，得到“图层 0”图层，如图 6-73 所示。

Step02 建立选区　选择工具箱中的魔棒工具，在图像上背景的地方单击建立选区，如图 6-74 所示。

图 6-73　　图 6-74

> **Tips**
>
> 套索工具也是常用的选取工具之一，它的特别之处在于随意性，用该工具可以在图像窗口中绘制出任何形状的选区。在指定选区后，还可以添加选区、删除选区或选取选区的交叉区域，在选项栏中会提供这些功能。

Step03 删除背景，取消选区　按 Delete 键将背景删除，按快捷键 Ctrl+D 取消选区，如图 6-75 所示。

Step04 建立选区　选择工具箱中的套索工具，在图像上拖曳并建立选区，如图 6-76 所示。

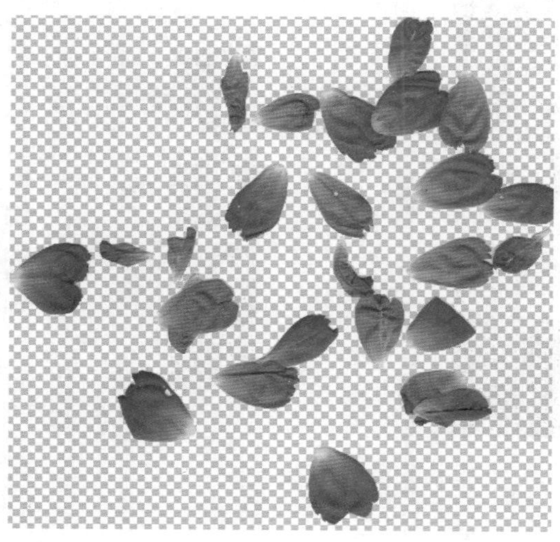

图 6-75

图 6-76

Step05 改变素材的大小　使用移动工具将素材移动到当前操作的文档中，然后按快捷键 Ctrl+T，改变素材的大小和位置，如图 6-77 所示。

Step06 建立选区　选择工具箱中的套索工具，在图像上拖曳并建立选区，如图 6-78 所示。

图 6-77

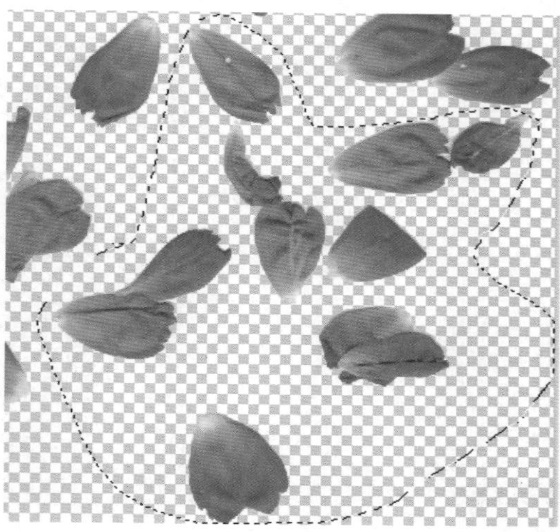

图 6-78

Step07 改变花瓣的颜色　使用移动工具将素材移动到当前操作的文档中，按快捷键 Ctrl+T，改变素材的大小和位置，然后执行“图像 > 调整 > 可选颜色”命令，弹出“可选颜色”对话框，在“颜色”下拉列表中选择红色，调节参数，如图 6-79 所示。

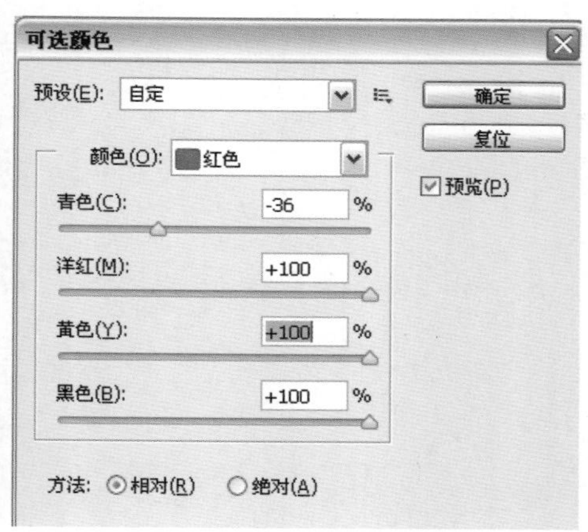

图 6-79

Tips

“可选颜色”命令的功能是在构成图像的颜色中选择特定的颜色删除，或者与其他颜色混合改变颜色，可对RGB、CMYK和灰度等色彩模式的图像进行分通道校色。

Step08 增加照片的明暗对比　执行“图像 > 调整 > 亮度 / 对比度”命令，弹出“亮度 / 对比度”对话框，在其中设置参数，增加照片的明暗对比，如图 6-80 所示。

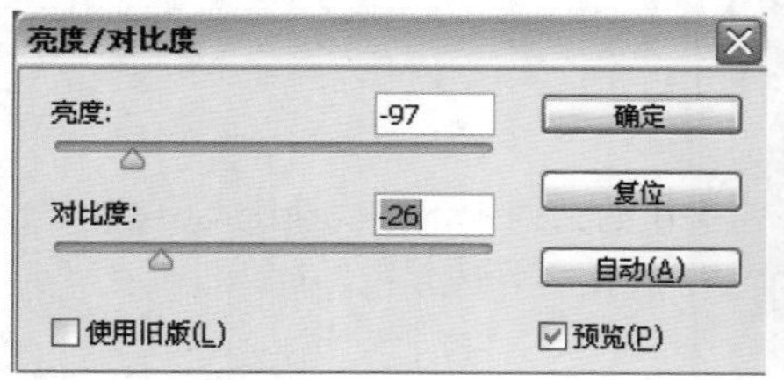

图 6-80

第7章 唯美风景的合成

合成技术经常会用到风景图像上，因为绘制风景是一项非常繁重的工作，利用计算机合成风景不仅可以减轻美工的工作量，还能提高场景的真实度。风景的合成手法在电影制作中也经常用到。

7.1 合成梦幻的山谷场景

本实例合成梦幻山谷效果，制作思路为使用快速选择工具将素材中的图像进行选取，将不同的素材文件融合到一起，执行“可选颜色”命令分别对不同的颜色进行调节，从而对画面中的色调进行精细的调整，执行“色相 / 饱和度”命令降低图像的饱和度，改善图像的色调，本实例制作完成。如图 7-1 所示为原始图像和最终图像。

原始图像

最终图像

图 7-1

7.1.1 城堡素材的叠加

首先将城堡素材进行抠像，并叠加在一起。

Step01 新建空白文档　执行“文件 > 新建”命令，在弹出的“新建”对话框中设置参数，新建一个空白文档，如图 7-2 所示。

图 7-2

图 7-3

Step02 建立选区　按快捷键 Ctrl+O，打开建筑素材文件，然后选择工具箱中的快速选择工具，在图像上拖曳并建立选区，如图 7-3 所示。

Step03 移动素材，改变大小　使用移动工具将素材移动到当前文档中，此时在“图层”面板的下方将自动生成“图层 1”图层，按快捷键 Ctrl+T，改变素材的大小和位置，如图 7-4 所示。

图 7-4

图 7-5

Step04 打开文件，建立选区　按快捷键 Ctrl+O，打开城堡素材文件，然后选择工具箱中的快速选择工具，在图像上拖曳并建立选区，如图 7-5 所示。

Step05 移动素材，改变大小　使用移动工具将素材移动到当前文档中，在“图层”面板的下方将自动生成“图层 2”图层，按快捷键 Ctrl+T，改变素材的大小和位置，如图 7-6 所示。

图 7-6

Step06 添加蒙版，隐藏图层　单击“图层”面板下方的“添加图层蒙版“按钮，为该图层添加图层蒙版，然后选择画笔工具，设置前景色为黑色，在图像上进行涂抹，将不需要的部分隐藏，效果如图 7-7 所示。

图 7-7

7.1.2　山脉素材的叠加

接下来对山脉素材进行合成处理。

Step01 打开素材，解锁背景　按快捷键 Ctrl+O，打开素材文件，然后按住 Alt 键的同时双击“背景”图层，将“背景”图层进行解锁，转换为普通图层，得到“图层 0”图层，如图 7-8 所示。

图 7-8

Step02 移动素材，改变大小　使用移动工具将素材移动到当前文档中，在“图层”面板的下方将自动生成“图层 3”图层，按快捷键 Ctrl+T，改变素材的大小和位置，如图 7-9 所示。

图 7-9

Step03 打开素材，建立选区　按快捷键 Ctrl+O，打开瀑布素材文件，然后选择工具箱中的快速选择工具，在图像上拖曳并建立选区，如图 7-10 所示。

Step04 移动素材，改变大小　使用移动工具将素材移动到当前文档中，在“图层”面板的下方将自动生成“图层 4”图层，按快捷键 Ctrl+T，改变素材的大小和位置，如图 7-11 所示。

图 7-10

图 7-11

Step05 添加蒙版，隐藏图像　单击“图层”面板下方的“添加图层蒙版”按钮，为该图层添加图层蒙版，然后选择画笔工具，设置前景色为黑色，在图像上进行涂抹，将不需要的部分隐藏，效果如图 7-12 所示。

图 7-12

7.1.3　人物素材的抠像与合成

接下来对人物素材进行抠像，并合成到城堡中。

Step01 打开文件，建立选区　按快捷键 Ctrl+O，打开人物素材文件，然后选择工具箱中的快速选择工具，在图像上拖曳并建立选区，如图 7-13 所示。

Step02 移动素材，改变大小　使用移动工具将素材移动到当前文档中，在“图层”面板的下方将自动生成“图层 5”图层，按快捷键 Ctrl+T，改变素材的大小和位置，如图 7-14 所示。

图 7-13

图 7-14

Step03 添加蒙版，隐藏图像　单击“图层”面板下方的“添加图层蒙版”按钮，为该图层添加图层蒙版，然后选择画笔工具，设置前景色为黑色，在图像上进行涂抹，将不需要的部分隐藏，效果如图 7-15 所示。

Step04 打开文件，建立选区　按快捷键 Ctrl+O，打开士兵素材文件，然后选择工具箱中的快速选择工具，在图像上拖曳并建立选区，如图 7-16 所示。

图 7-15

图 7-16

Step05 移动素材，改变大小　使用移动工具将素材移动到当前文档中，在“图层”面板的下方将自动生成“图层 6”图层，按快捷键 Ctrl+T，改变素材的大小和位置。

Step06 添加蒙版，隐藏图像　单击“图层”面板下方的“添加图层蒙版”按钮，为该图层添加图层蒙版，然后选择画笔工具，设置前景色为黑色，在图像上进行涂抹，将不需要的部分隐藏，效果如图 7-17 所示。

图 7-17

Step07 降低图像的饱和度　单击“图层”面板下方的“创建新的填充或调整图层”按钮，在弹出的下拉菜单中选择“色相 / 饱和度”命令，然后调节参数，降低照片的饱和度，如图 7-18 所示。

图 7-18

7.1.4 全片校色及飞鸟的合成

接下来进行全片校色，并在空中叠加飞鸟素材。

Step01 改变图像的色相　单击“图层”面板下方的“创建新的填充或调整图层”按钮，在弹出的下拉菜单中选择“可选颜色”命令，打开“可选颜色”属性面板，在“颜色”下拉列表中分别选择绿色、青色、白色和中性色进行参数的调整，在“图层”面板中将自动生成调整图层，如图 7-19 和图 7-20 所示。

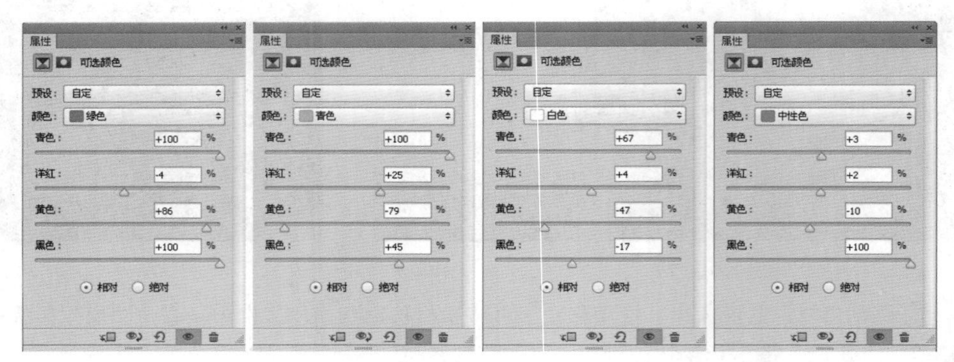

图 7-19

图 7-20

Step02 增强图像的明暗对比　单击“图层”面板下方的“创建新的填充或调整图层”按钮，在弹出的下拉菜单中选择“亮度 / 对比度”命令，然后调节参数，增强照片的明暗对比，如图 7-21 所示。

图 7-21

Step03 加深图像的边缘　盖印图层，生成“图层 7”图层，然后执行“滤镜 > 锐化 >USM 锐化”命令，在弹出的“USM 锐化”对话框中设置参数，使图像的边缘变得清晰，如图 7-22 所示。

图 7-22

Step04 提亮画面的亮度区域　选择工具箱中的减淡工具，在图像上进行涂抹，使图像中某些区域的颜色更加明亮，使这些区域表现为高亮度的区域，如图 7-23 所示。

图 7-23

Step05 打开文件，建立选区　按快捷键 Ctrl+O，打开飞鸟素材文件，然后将“背景”图层进行解锁，得到“图层 0”图层。选择工具箱中的魔棒工具，在图像背景处进行单击，将背景建立为选区，然后按 Delete 键将背景删除，取消选区，如图 7-24 所示。

Step06 移动素材，改变大小　使用移动工具将素材移动到当前文档中，在“图层”面板的下方将自动生成“图层 8”图层，按快捷键 Ctrl+T，改变素材的大小和位置，如图 7-25 所示。

图 7-24

图 7-25

Step 07 增加暖色调　单击“图层”面板下方的“创建新的填充或调整图层”按钮 ，在弹出的下拉菜单中选择“照片滤镜”命令，然后调节参数，为图像增加暖色调，如图 7-26 所示。

图 7-26

Step 08 调整图像中的绿色调　单击“图层”面板下方的“创建新的填充或调整图层”按钮 ，在弹出的下拉菜单中选择“可选颜色”命令，打开“可选颜色”属性面板，在“颜色”下拉列表中选择“绿色”，调节参数，如图 7-27 所示。

图 7-27

7.2 合成缥缈的风景照

本实例合成飘缈的风景照，制作思路为利用图层蒙版的原理将多张素材进行合成，使其合成一体，执行“自然饱和度”命令将素材原本色调的饱和度降低，执行“可选颜色”命令为图像重新着色，使其看起来更加自然，执行“高斯模糊”命令使画面柔和、唯美，本实例制作完成。如图 7-28 所示为原始图像和最终图像。

原始图像

最终图像

图 7-28

7.2.1　场景素材的拼合

首先将天空、雪山和森林素材上下叠加。

Step01 打开文件　执行“文件 > 打开”命令或按快捷键 Ctrl+O，打开大海素材文件，如图 7-29 所示。

Step02 打开文件，解锁背景　按快捷键 Ctrl+O，打开冰川素材文件，然后双击“背景”图层，在弹出的“新建图层”对话框中单击“确定”按钮，将“背景”图层转换为普通图层，得到“图层 0”图层，如图 7-30 所示。

图 7-29

图 7-30

Step03 改变素材大小，添加蒙版，隐藏图像　使用移动工具将素材移动到当前文档中，改变素材的大小和位置，并为该图层添加图层蒙版，然后选择画笔工具，设置前景色为黑色，在图像上进行涂抹，如图 7-31 所示。

Step04 打开文件，解锁背景　按快捷键 Ctrl+O，打开雪山素材文件，然后将该图层进行解锁，转换为普通图层，得到“图层 0”图层，如图 7-32 所示。

图 7-31

图 7-32

Step05 将素材与背景融合　使用移动工具将素材移动到当前文档中，在“图层”面板的下方将自动生成“图层 3”图层，按快捷键 Ctrl+T，改变素材的大小和位置，然后为该图层添加图层蒙版，使用画笔工具将不需要的部分隐藏，如图 7-33 所示。

Step 06 降低图像的饱和度　单击“图层”面板下方的“创建新的填充或调整图层”按钮，在弹出的下拉菜单中选择“自然饱和度”命令，然后调节参数，降低图像的饱和度，如图 7-34 所示。

图 7-33

属性
自然饱和度
自然饱和度：-21
饱和度：-25

图 7-34

7.2.2　整体氛围的控制

接下来对画面进行整体校色，控制夜景氛围。

Step 01 对不同的颜色通道进行色彩的调整　单击“图层”面板下方的“创建新的填充或调整图层”按钮，在弹出的下拉菜单中选择“可选颜色”命令，打开“可选颜色”属性面板，在“颜色”下拉列表中分别选择白色、蓝色、青色和中性色进行参数的调整，在“图层”面板中将自动生成调整图层，如图 7-35 所示。

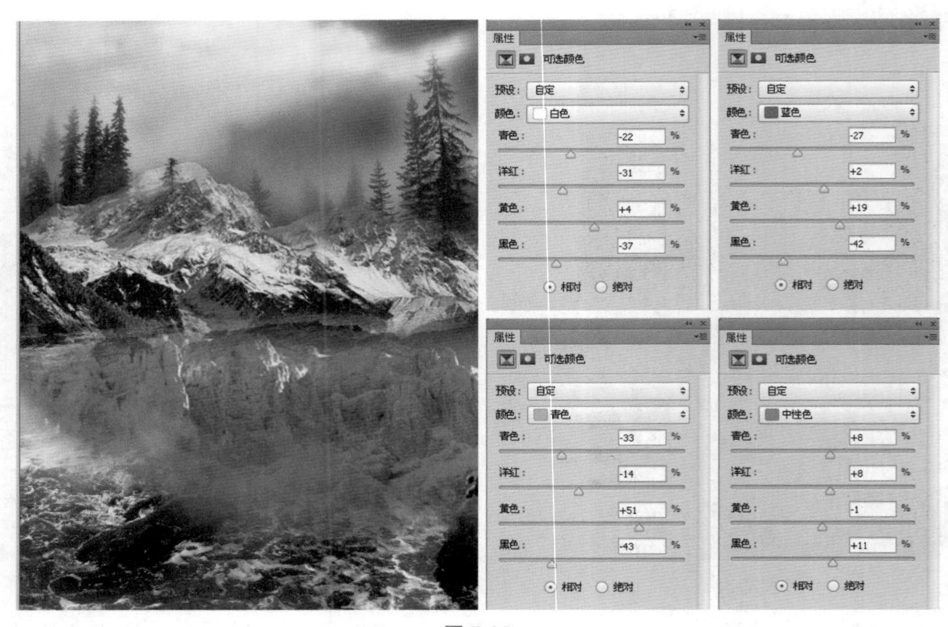

图 7-35

Step02 模糊图像，制作朦胧效果 盖印图层，得到“图层 4”图层，然后执行“滤镜 > 模糊 > 高斯模糊”命令，弹出“高斯模糊”对话框，设置参数，为图像添加朦胧效果，如图 7-36 所示。

Step03 调整图像 将“图层 4”图层的混合模式设置为“滤色”，并为该图层添加图层蒙版，然后选择画笔工具，在该工具的选项栏中设置参数，并在图像上进行涂抹，如图 7-37 所示。

图 7-36

图 7-37

Step04 拖入素材，改变混合模式 按快捷键 Ctrl+O，打开月亮素材文件，将其移动到当前文档中，得到“图层 5”图层，将该图层的混合模式设置为“滤色”，效果如图 7-38 所示。

Step05 为素材添加外发光效果 双击“图层 5”图层，弹出“图层样式”对话框，在左侧列表中分别选择“外发光”和“投影”选项，并设置参数，为其添加外发光效果，使图像更加自然，效果如图 7-39 所示。

图 7-38

图 7-39

7.3 合成空中城堡

本实例合成空中城堡，制作思路为执行“可选颜色”命令调整天空的色调，执行“色阶”命令提高海面的亮度，使用图层混合模式将素材进行叠加，使图像看起来更加自然，本实例制作完成。如图 7-40 所示为原始图像和最终图像。

原始图像　　最终图像

图 7-40

7.3.1 瀑布和天空的合成

首先将天空和瀑布进行合成处理。

Step01 新建空白文档　执行“文件 > 新建”命令或按快捷键 Ctrl+N，弹出“新建”对话框，设置各项参数，如图 7-41 所示，完成后单击“确定”按钮。

Step02 移动素材，改变大小　执行“文件 > 打开”命令或按快捷键 Ctrl+O，打开瀑布素材文件，然后使用移动工具将其拖曳到新建的“合成”文档中，并按快捷键 Ctrl+T，调整素材的大小和位置，如图 7-42 所示。

图 7-41

图 7-42

Step03 移动素材，改变大小　执行“文件 > 打开”命令或按快捷键 Ctrl+O，打开天空素材文件，然后使用移动工具将其拖曳到新建的“合成”文档中，并按快捷键 Ctrl+T，调整素材的大小和位置，如图 7-43 所示。

Step04 将素材做融合处理　选择“图层 2”图层，单击“图层”面板下方的“添加图层蒙版”按钮，然后使用画笔工具进行蒙版处理，效果如图 7-44 所示。

图 7-43

图 7-44

7.3.2 建筑物的合成

接下来对建筑物抠像并与背景进行合成。

Step01 打开素材，复制图层　执行“文件 > 打开”命令或按快捷键 Ctrl+O，打开建筑素材文件，将“背景”图层拖曳到“创建新图层”按钮上，得到“背景 副本”图层，如图 7-45 所示。

Step02 建立选区　在工具箱中选择钢笔工具，绘制城堡的路径，然后按快捷键 Ctrl+Enter，将路径转换成选区，再按快捷键 Ctrl+J，将选区内容载入新的选区，如图 7-46 所示。

图 7-45

图 7-46

Step03 移动素材，改变大小　选择移动工具，将建筑物拖曳到新建的“合成”文档中，并按快捷键 Ctrl+T，调整其大小和位置，如图 7-47 所示。

Step04 融合素材　选择“图层 3”图层，单击“图层”面板下方的“添加图层蒙版”按钮，然后使用画笔工具进行蒙版处理，效果如图 7-48 所示。

图 7-47

图 7-48

7.3.3 局部色彩的调整

接下来对天空及建筑物进行局部色彩的调整，以达到梦幻视觉效果。

Step01 将素材与图像完美融合　选择“图层 3”图层，单击“图层”面板下方的“添加图层蒙版”按钮，然后使用画笔工具进行蒙版处理，效果如图 7-49 所示。

Step02 加深画面的暗部色调　此时构图就调整好了，接下来进行调色，首先选择“图层 2”图层，将其拖曳到“图层”面板下方的“创建新图层”按钮上，得到“图层 2 副本”图层，修改该图层的混合模式为“正片叠底”，如图 7-50 所示。

图 7-49

图 7-50

Step03 增加画面的色调　创建新图层，按快捷键 Ctrl+Alt+Shift+E 盖印图层，然后单击“图层”面板下方的“创建新的填充或调整图层”按钮，在弹出的下拉菜单中选择“可选颜色”命令，打开“可选颜色”属性面板，设置各项参数，效果如图 7-51 所示。

Step04 将天空图像恢复到以前的色调　选择画笔工具，对“可选颜色”进行蒙版处理，效果如图 7-52 所示。

Step05 降低照片的亮度　单击“图层”面板下方的“创建新的填充或调整图层”按钮，在弹出的下拉菜单中选择“色阶”命令，打开“色阶”属性面板，设置各项参数，再进行蒙版处理，效果如图 7-53 所示。

图 7-51

图 7-52

图 7-53

Step06 调整画面的色调　单击“图层”面板下方的“创建新的填充或调整图层”按钮，在弹出的下拉菜单中选择“色彩平衡”命令，打开“色彩平衡”属性面板，设置各项参数，再进行蒙版处理，如图 7-54 和图 7-55 所示。

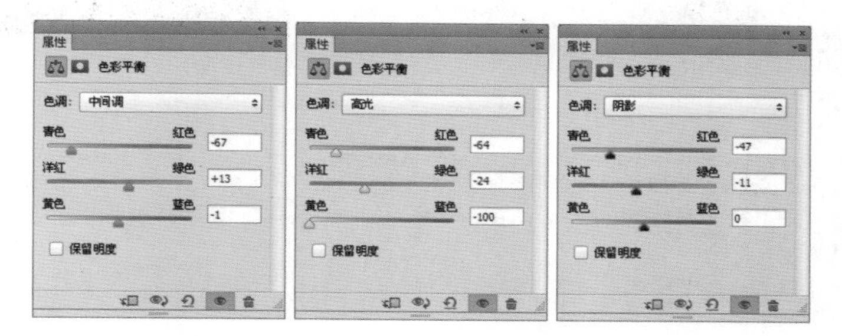

图 7-54

Step07 增加绿色调　单击“图层”面板下方的“创建新的填充或调整图层”按钮，在弹出的下拉菜单中选择“可选颜色”命令，打开“可选颜色”属性面板，设置各项参数，效果如图 7-56 所示。

图 7-55

图 7-56

7.4 梦幻景致的合成

本实例合成梦幻景致，制作思路为运用图层蒙版的原理将素材进行叠加，执行“色彩平衡”命令改变图像的色调，执行“亮度 / 对比度”命令、“可选颜色”命令将图像中的色调进行精细调整，搭配图层混合模式使素材与图像进行完美融合，本实例制作完成。如图 7-57 所示为原始图像和最终图像。

原始图像

最终图像

图 7-57

7.4.1 地面与天空的合成

首先将天空和地面素材进行合成。

Step01 新建空白文档　执行“文件 > 打开”命令或按快捷键 Ctrl+O，打开地面素材文件，如图 7-58 所示。

图 7-58

Step02 打开文件，解锁背景　在按住 Alt 键的同时双击“背景”图层，将“背景”图层进行解锁，转换为普通图层，得到“图层 0”图层，如图 7-59 所示。

Step03 移动素材，改变大小　使用移动工具将素材移动到当前文档中，然后按快捷键 Ctrl+T，改变素材的大小和位置，如图 7-60 所示。

图 7-59

图 7-60

Step04 打开文件，解锁背景　打开天空素材文件，在按住 Alt 键的同时双击“背景”图层，将“背景”图层进行解锁，转换为普通图层，得到“图层 0”图层，如图 7-61 所示。

Step05 将素材进行融合　使用移动工具将素材移动到当前文档中，然后改变素材的大小和位置，并为该图层添加图层蒙版，使用画笔工具（设置前景色为黑色）将不需要的部分隐藏，如图 7-62 所示。

图 7-61

图 7-62

7.4.2　古树的校色与合成

接下来对古树校色并将其与背景进行合成。

Step01 拖入素材　打开古树素材文件，将“背景”图层进行解锁，转换为普通图层，然后将其移动到当前文档中，执行“自由变换”命令改变素材的大小和位置，在“图层”面板的下方将生成“图层 3”图层，如图 7-63 所示。

图 7-63

Step02 改变画面色调为黄色调　单击“图层”面板下方的“创建新的填充或调整图层”按钮，在弹出的下拉菜单中选择“色彩平衡”命令，打开“色彩平衡”属性面板，调节参数，改变图像的色调，如图 7-64 所示。

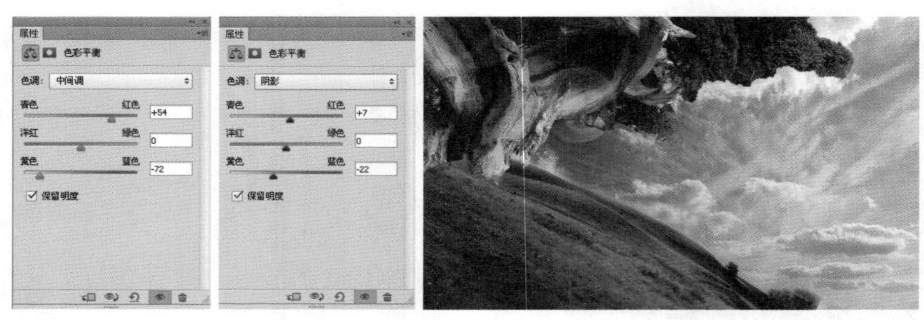

图 7-64

Step03 使用蒙版隐藏图像　选择“色彩平衡 1”图层的图层蒙版缩览图，将蒙版状态选中，然后选择画笔工具，设置前景色为黑色，在图像上进行涂抹，如图 7-65 所示。

Step04 调整照片的明暗对比　单击“图层”面板下方的“创建新的填充或调整图层”按钮，在弹出的下拉菜单中选择“亮度 / 对比度”命令，打开“亮度 / 对比度”属性面板，调节参数，从而调整照片的明暗对比，如图 7-66 所示。

图 7-65

图 7-66

Step05 继续调整画面色调　继续单击“图层”面板下方的“创建新的填充或调整图层”按钮，在弹出的下拉菜单中选择“可选颜色”命令，打开“可选颜色”属性面板，在“颜色”下拉列表中分别选择红色、黄色、白色和黑色进行参数的调节，效果如图 7-67 所示。

图 7-67

7.4.3　萤火虫和蝴蝶的合成

接下来将萤火虫和蝴蝶素材合成到画面中，以增加整体氛围。

Step01 打开文件，解锁背景　执行“文件 > 打开”命令或按快捷键 Ctrl+O，打开萤火虫素材文件，然后将“背景”图层进行解锁，转换为普通图层，得到“图层 0”图层，如图 7-68 所示。

Step02 调整不透明度　使用移动工具将素材移动到当前文档中，在“图层”面板的下方将自动生成“图层 4”图层，改变素材的大小和位置，将该图层的混合模式设置为“浅色”，并调节不透明度的值，如图 7-69 所示。

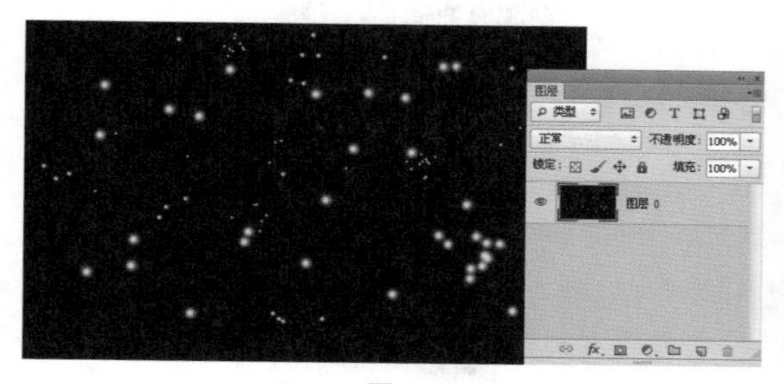

图 7-68

图 7-69

Step03 添加蒙版，隐藏图像　单击“图层”面板下方的“添加图层蒙版”按钮，为该图层添加图层蒙版，然后选择工具箱中的画笔工具，设置前景色为黑色，在图像上进行涂抹，将不需要的部分进行隐藏，如图 7-70 所示。

Step04 提亮画面的色调　单击“图层”面板下方的“创建新的填充或调整图层”按钮，在弹出的下拉菜单中选择“色阶”命令，打开“色阶”属性面板，调节参数，如图 7-71 所示。

图 7-70

图 7-71

Step05 增强画面的明暗对比　单击“图层”面板下方的“创建新的填充或调整图层”按钮，在弹出的下拉菜单中选择“亮度 / 对比度”命令，打开“亮度 / 对比度”属性面板，调节参数，增强画面的明暗对比，如图 7-72 所示。

Step06 打开文件　执行“文件 > 打开”命令或按快捷键 Ctrl+O，打开蝴蝶素材文件，如图 7-73 所示。

图 7-72

图 7-73

Step07 改变图像的色调　使用移动工具将蝴蝶移动到文档中，然后执行“图像>调整>色彩平衡”命令，在弹出的“色彩平衡”对话框中设置参数，改变图像的色调，如图 7-74 所示。

图 7-74

Step08 多次复制蝴蝶　在按住 Alt 键的同时使用移动工具移动蝴蝶素材，可以对蝴蝶进行复制，使用该方法对蝴蝶进行多次复制，并改变蝴蝶的大小、位置和旋转角度，从而形成一幅缤纷多彩的画面，效果如图 7-75 所示。

图 7-75

第8章 美工合成综合案例

本章将制作两个案例，以此来检验大家对前面章节所学习知识的掌握。合成是 Photoshop 中比较难掌握的技术之一，将几个不同的素材组合在一幅图中，不仅要让光影吻合，还要让构思、创意合理，这就要求大家对绘画、构图以及透视有较高的造诣。

8.1 魔法屋的合成

本例合成魔法屋，制作思路为首先使用矩形选框工具将素材中的部分图像建立为选区，将其与其他素材进行融合，形成背景效果，然后执行“色彩平衡”命令、“色相 / 饱和度”命令、“亮度 / 对比度”命令等改变图像中天空素材的色调，再使用快速选择工具将人物与图像进行完美合成，本实例制作完成。如图 8-1 所示为原始图像和最终图像。

原始图像

最终图像

图 8-1

8.1.1 房间内部的合成

首先将房间内的窗户和楼梯素材进行合成。

Step01 新建空白文档 执行“文件 > 新建”命令或按快捷键 Ctrl+N，弹出“新建”对话框，设置参数后单击“确定”按钮，新建一个空白文档，如图 8-2 所示。

Step02 打开文件，解锁背景 按快捷键 Ctrl+O，打开窗户素材文件，然后在按住 Alt 键的同时双击“背景”图层，将其进行解锁，转换为普通图层，得到“图层 0”图层，如图 8-3 所示。

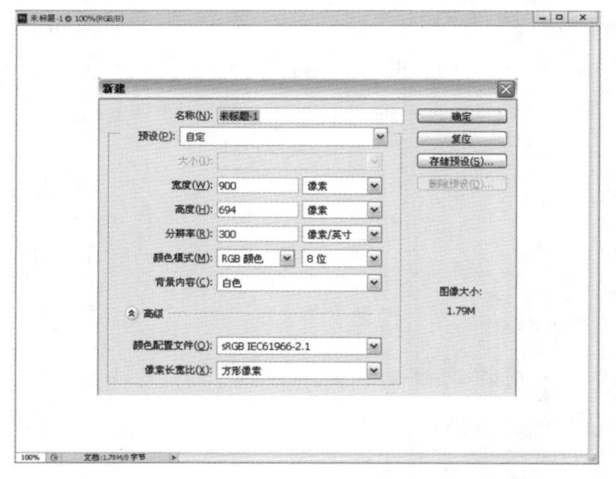

图 8-2

图 8-3

Step03 创建矩形选区 选择工具箱中的矩形选框工具，在图像上拖曳并建立矩形选区，将图像中需要的部分建立为选区，如图 8-4 所示。

Step04 移动素材，改变大小 使用移动工具将刚才建立的选区移动到当前文档中，在“图层”面板的下方将自动生成“图层 1”图层。按快捷键 Ctrl+T，在图像四周会出现可调节的控制点，改变素材的大小和位置，如图 8-5 所示。

图 8-4

图 8-5

> **Tips**
>
> 创建矩形选区的方法是选择矩形选框工具，在图像中按住鼠标左键拖动绘制出矩形选框，框内的区域就是选区。若要绘制正方形的选区，可以在按住Shift键的同时按住鼠标左键拖动。

Step05 用魔棒工具建立选区 选择工具箱中的魔棒工具，在图像中白色的背景上单击，可将一小块白色背景选中，按住 Shift 键依次点选白色背景小方框，可对白色背景进行连续选择，建立为选区，如图 8-6 所示。

Step06 删除背景　在“图层”面板中单击“背景”图层前面指示图层可见性的按钮，将“背景”图层进行隐藏，然后选择“图层 1”图层，按 Delete 键将选区删除，如图 8-7 所示。

Step07 打开文件，解锁背景　按快捷键 Ctrl+O，打开楼梯素材文件，然后在按住 Alt 键的同时双击“背景”图层，将其进行解锁，转换为普通图层，得到“图层 0”图层，如图 8-8 所示。

图 8-6

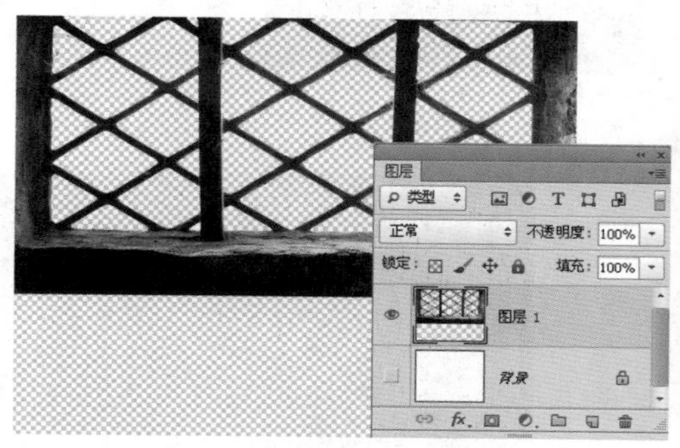

图 8-7

图 8-8

Step08 用快速选择工具建立选区　选择工具箱中的快速选择工具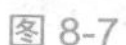，在图像上拖曳，将需要的部分进行选取，得到选区，如图 8-9 所示。

Step09 移动素材，改变大小　使用移动工具将选区移动到当前文档中，然后按快捷键 Ctrl+T，改变素材的大小和位置，如图 8-10 所示。

图 8-9

图 8-10

8.1.2　窗外风景的合成

接下来对窗外的星空进行合成和校色。

Step01 添加蒙版，隐藏图像　单击“图层”面板下方的“添加图层蒙版”按钮，为楼梯图层添加图层蒙版，然后选择工具箱中的画笔工具，设置前景色为黑色，在图像上进行涂抹，如图 8-11 所示。

Step02 打开文件，解锁背景　按快捷键 Ctrl+O，打开星空素材文件，然后在按住 Alt 键的同时双击“背景”图层，将其进行解锁，转换为普通图层，得到“图层 0”图层，如图 8-12 所示。

Step03 移动素材，改变大小　使用移动工具将素材移动到当前操作的文档中，然后按快捷键 Ctrl+T，改变素材的大小和位置，如图 8-13 所示。

Step04 垂直翻转图像　再次按快捷键 Ctrl+T，然后在控制框内右击，在弹出的快捷菜单中选择

“垂直翻转”命令，并按 Enter 键确认操作，如图 8-14 所示。

图 8-11

图 8-12

图 8-13

图 8-14

Step 05 调整图层的顺序　选择“图层 3”图层，将该图层移动到“背景”图层的上方。改变图层的顺序，文档中的画面也会得到相应的操作，如图 8-15 所示。

Step 06 改变背景的色调　选择“图层 3”图层，执行“图像 > 调整 > 色相 / 饱和度”命令或按快捷键 Ctrl+U，弹出“色相 / 饱和度”对话框，通过调节“色相”的值，改变图像的色调，单击“确定”按钮，如图 8-16 所示。

图 8-15

图 8-16

Step 07 增加背景的亮度　执行“图像 > 调整 > 亮度 / 对比度”命令，弹出“亮度 / 对比度”对话框，设置参数，降低照片的对比度，如图 8-17 所示。

Step 08 调整背景的色调　执行“图像 > 调整 > 色彩平衡”命令或按快捷键 Ctrl+B，弹出“色彩平衡”对话框，设置参数，对图像的色调再次进行调整，调整完成后单击“确定”按钮，如图 8-18 所示。

图 8-17

图 8-18

Step09 改变图层的混合模式　将“图层 3”图层拖曳到“图层”面板下方的“创建新图层”按钮上，复制“图层 3”图层，得到“图层 3 副本”图层，并将该图层的混合模式设置为“滤色”，如图 8-19 所示。

Step10 调暗画面的色调　确认“图层 3 副本”图层处于选中状态，执行“图像 > 调整 > 曲线”命令或按快捷键 Ctrl+M，弹出“曲线”对话框，调节参数，将画面的色调调暗一些，单击“确定”按钮，如图 8-20 所示。

图 8-19

图 8-20

8.1.3　楼梯色调的调节

为了让室内产生幽暗的氛围，下面对楼梯素材进行调色。

Step01 调出选区　在按住 Ctrl 键的同时单击“图层 2”图层的图层缩览图，选中该图层的选区，如图 8-21 所示。

图 8-21

Step02 使楼梯和色调变暗　单击“图层”面板下方的“创建新的填充或调整图层”按钮，在弹出的下拉菜单中选择“色阶”命令，打开“色阶”属性面板，调节参数，将楼梯的色调变暗，如图 8-22 所示。

Step03 调出楼梯选区　此时楼梯的色调不够完美，还需要进行进一步调节，在按住 Ctrl 键的同时单击“色阶 1”图层的图层缩览图，再次将楼梯建立为选区，如图 8-23 所示。

Step04 降低楼梯的饱和度　单击“图层”面板下方的“创建新的填充或调整图层”按钮，在弹出的下拉菜单中选择“自然饱和度”命令，打开“自然饱和度”属性面板，调节参数，如图 8-24 所示。

Step05 调出楼梯选区　使用同样的方法再次将楼梯建立为选区，在按住 Ctrl 键的同时单击“自然饱和度 1”图层的图层缩览图，选择该图层的选区，如图 8-25 所示。

图 8-22

图 8-23

图 8-24

图 8-25

Step 06 为楼梯添加深褐色调　单击“图层”面板下方的“创建新的填充或调整图层”按钮，在弹出的下拉菜单中选择“照片滤镜”命令，打开“照片滤镜”属性面板，调节参数，为图像添加淡淡的深褐色调，如图 8-26 所示。

Step 07 建立选区，增加对比　使用上述方法将楼梯建立为选区，单击“图层”面板下方的“创建新的填充或调整图层”按钮，在弹出的下拉菜单中选择“曲线”命令，打开“曲线”属性面板，调节参数，如图 8-27 所示。

图 8-26

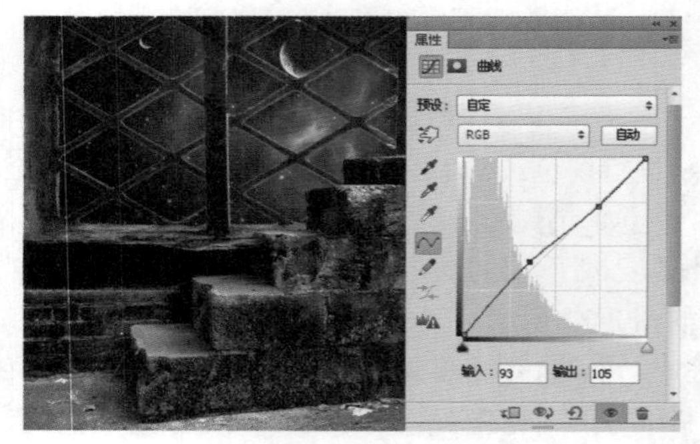

图 8-27

8.1.4　蜡烛的抠像与合成

下面对蜡烛素材抠像并进行合成。

Step 01 打开素材　执行“文件 > 打开”命令或按快捷键 Ctrl+O，在弹出的“打开”对话框中选择蜡烛素材文件，单击“打开”按钮，将素材打开，如图 8-28 所示。

Step 02 用快速选择工具建立选区　选择工具箱中的快速选择工具，在图像上拖曳，将图像中的蜡烛建立为选区，如图 8-29 所示。

图 8-28

图 8-29

Step03 移动素材，改变大小　使用移动工具将素材移动到当前操作的文档中，在“图层”面板下方将自动生成“图层 4”图层，按快捷键 Ctrl+T，在素材周围会出现可调节的节点，调节节点的位置可改变素材的大小和位置，调节完成后按 Enter 键确认操作，如图 8-30 所示。

图 8-30

8.1.5　人物的抠像与合成

下面对人物素材抠像并进行合成。

Step01 打开人物素材　执行“文件 > 打开”命令或按快捷键 Ctrl+O，在弹出的“打开”对话框中选择人物素材文件，单击“打开”按钮，将素材打开，如图 8-31 所示。

图 8-31

Step02 建立人物选区　选择工具箱中的快速选择工具，在图像上拖曳，将图像中的人物建立为选区，如图 8-32 所示。

图 8-32

Step 03 移动人物，改变大小　使用移动工具将素材移动到当前操作的文档中，按快捷键 Ctrl+T 改变素材的大小和位置，如图 8-33 所示。

Step 04 将人物水平旋转　将人物素材的大小调整完成后，再次按快捷键 Ctrl+T 执行“自由变换”命令，在人物周围会出现可调节的控制框，在控制框内右击，在弹出的快捷菜单中选择“水平翻转”命令，将人物图像进行翻转，并按 Enter 键确认操作，如图 8-34 所示。

图 8-33

图 8-34

8.1.6 裙摆的抠像与合成

由于此时人物的裙摆不够完美，下面再导入一个裙摆素材进行抠像与合成。

Step 01 打开素材　执行“文件 > 打开”命令或按快捷键 Ctrl+O，在弹出的“打开”对话框中选择裙摆素材文件，单击“打开”按钮，将素材打开，如图 8-35 所示。

Step 02 建立选区　选择工具箱中的快速选择工具，在图像上拖曳，将图像中需要的地方建立为选区，如图 8-36 所示。

图 8-35

图 8-36

Step 03 移动素材，改变大小　使用移动工具将素材移动到当前操作的文档中，在“图层”面板的下方将自动生成“图层 6”图层，按快捷键 Ctrl+T，改变素材的大小和位置，如图 8-37 所示。

Step04 提亮人物的色调　选择“图层 6”图层，执行“图像 > 调整 > 亮度 / 对比度”命令，弹出“亮度 / 对比度”对话框，设置参数，提亮人物图像的色调，如图 8-38 所示。

图 8-37

图 8-38

Step05 使人物的婚纱更白　执行“图像 > 调整 > 可选颜色”命令，弹出“可选颜色”对话框，在“颜色”下拉列表中选择“白色”，然后进行参数的调节，单击“确定”按钮，如图 8-39 所示。

Step06 添加蒙版，隐藏图像　为“图层 6”图层添加图层蒙版，然后选择工具箱中的画笔工具，设置前景色为黑色，在图像上进行涂抹，使两处裙摆接触得更加自然，如图 8-40 所示。

图 8-39

图 8-40

8.1.7　局部亮度的调节

目前人物受光面不够明亮，下面进行局部调节。

Step01 提亮婚纱的亮度　现在人物婚纱的效果还不够完美，执行“图像 > 调整 > 曲线”命令，弹出“曲线”对话框，设置参数，提亮婚纱的亮度，调节完成后单击“确定”按钮，如图 8-41 所示。

Step02 拖入素材，改变大小　按快捷键 Ctrl+O，打开素材文件，将头发素材移动到当前操作的文档中，此时会自动生成“图层 7”图层，改变头发素材的大小和位置，如图 8-42 所示。

图 8-41

图 8-42

Step03 提亮头发的亮度 确定“图层 7”图层处于选中状态，执行“图像 > 调整 > 曲线”命令，弹出“曲线”对话框，设置参数，提亮头发的亮度，如图 8-43 所示。

Step04 降低头发的对比度 执行“图像 > 调整 > 亮度 / 对比度”命令，弹出“亮度 / 对比度”对话框，设置参数，降低头发的对比度，如图 8-44 所示。

图 8-43

图 8-44

Step05 用画笔工具添加蝴蝶飞舞效果 新建“图层 8”图层，按 F5 键，打开“画笔”面板，设置画笔的各项参数，然后在图像上单击，为画面添加蝴蝶素材，如图 8-45 所示。

图 8-45

图 8-46

Step06 整体调整画面色调 单击“图层”面板下方的“创建新的填充或调整图层”按钮，在弹出的下拉菜单中选择“曲线”命令，打开“曲线”属性面板，调节参数，对图像色调进行整体调整，如图 8-46 所示。

Step07 对人物进行瘦身处理 选择“图层 5”图层，然后执行“滤镜 > 液化”命令，弹出“液化”对话框，选择向前变形工具，调节右侧参数，在人物侧面进行推动，单击“确定”按钮，如图 8-47 所示。

Step08 改善人物面部的肤色 单击“图层”面板下方的“创建新的填充或调整图层”按钮，在弹出的下拉菜单中选择“可选颜色”命令，打开“可选颜色”属性面板，调节参数，改变人物面部的肤色，如图 8-48 所示。

Step09 添加蒙版，隐藏图像 选择“选取颜色 1”图层的图层蒙版缩览图，设置前景色为黑色，然后选择画笔工具，在图像上人物头发的位置进行涂抹，将其改变为原来的色调，如图 8-49 所示。

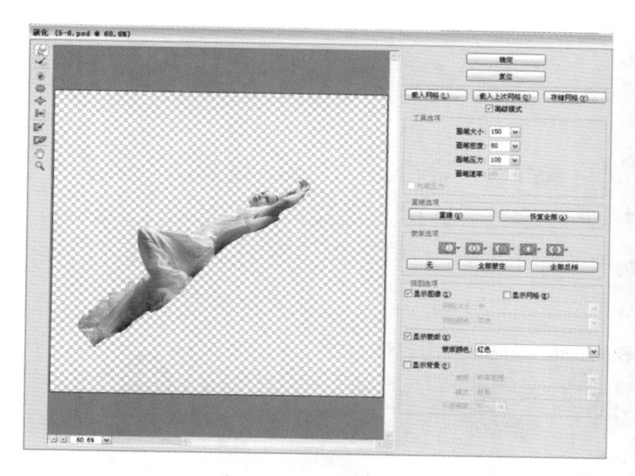

图 8-47

图 8-48

图 8-49

Step 10 加深图像的边缘　按快捷键 Ctrl+Alt+Shift+E，盖印图层，生成“图层 9”图层，然后执行“滤镜 > 锐化 >USM 锐化”命令，在弹出的“USM 锐化”对话框中调节参数，使图像的边缘清晰，单击“确定”按钮，如图 8-50 所示。

图 8-50

8.2 传奇景致的合成

本实例是传奇景致的合成，制作思路为执行“可选颜色”命令、“色相 / 饱和度”命令、“照片滤镜”命令等对背景图像进行色彩的调整，使用快速选择工具将人物及其他素材建立为选区，与背景图像进行合成，搭配图层混合模式效果使画面更加柔和，本实例制作完成。如图 8-51 所示为原始图像和最终图像。

原始图像

最终图像

图 8-51

8.2.1　背景色的调节

首先将天空素材的背景色进行处理。

Step01 打开素材　执行“文件 > 打开”命令或按快捷键 Ctrl+O，在弹出的“打开”对话框中选择需要打开的素材文件，单击“打开”按钮，打开天空素材，如图 8-52 所示。

图 8-52

Step02 调整画面色调　单击“图层”面板下方的“创建新的填充或调整图层”按钮，在弹出的下拉菜单中选择“可选颜色”命令，打开“可选颜色”属性面板，在“颜色”下拉列表中分别选择青色、蓝色、中性色、白色进行参数调节，如图 8-53 所示。

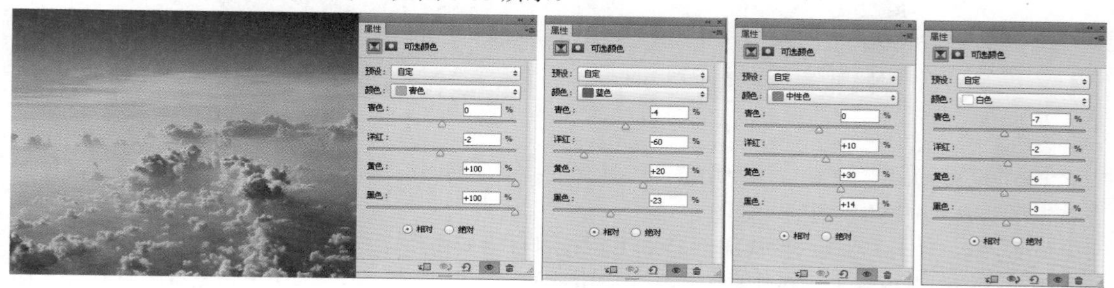

图 8-53

Step03 增强图像的明度　单击“图层”面板下方的“创建新的填充或调整图层”按钮，在弹出的下拉菜单中选择“色相/饱和度”命令，打开“色相/饱和度”属性面板，调节参数，增强图像的明度，如图 8-54 所示。

Step04 改变色调为暖色调　单击“图层”面板下方的“创建新的填充或调整图层”按钮，在弹出的下拉菜单中选择“照片滤镜”命令，打开“照片滤镜”属性面板，在“滤镜”下拉列表中选择橙，调节“浓度”的参数，改变图像色调为暖色调，如图 8-55 所示。

图 8-54

图 8-55

8.2.2　人物主体的抠像

下面对人物素材进行主体抠像。

Step01 打开人物素材　执行“文件 > 打开”命令或按快捷键 Ctrl+O，在弹出的“打开”对话框中选择人物素材文件，单击“打开”按钮，将素材打开，如图 8-56 所示。

Step02 将人物建立为选区　选择工具箱中的快速选择工具，在图像上拖曳，将图像中的人物建立为选区，如图 8-57 所示。

图 8-56

图 8-57

Step03 移动人物到文档中　使用移动工具将人物移动到当前操作的文档中，在“图层”面板下方将自动生成“图层 1”图层，如图 8-58 所示。

Step04 水平旋转人物　按快捷键 Ctrl+T 执行“自由变换”命令，在人物周围会出现可调节的控制框，在控制框内右击，在弹出的快捷菜单中选择“水平翻转”命令，将人物图像进行翻转，并按 Enter 键确认操作，如图 8-59 所示。

图 8-58

图 8-59

图 8-60　图 8-61　图 8-62

8.2.3 武器装备的合成

下面导入武器装备素材，进行抠像合成。

Step01 打开文件，解锁背景　按快捷键 Ctrl+O，打开武器素材文件，然后在按住 Alt 键的同时双击“背景”图层，将其进行解锁，转换为普通图层，得到“图层 0”图层，如图 8-60 所示。

Step02 建立选区　选择工具箱中的魔棒工具，按住 Shift 键依次在背景上单击，将其建立为连续的选区，如图 8-61 所示。

Step03 删除背景，取消选区　将背景建立为选区后，按 Delete 键将背景删除，然后按快捷键 Ctrl+D 取消选区，如图 8-62 所示。

Step04 移动素材，改变大小　使用移动工具将武器素材移动到当前操作的文档中，在“图层”面板下方将自动生成“图层 2”图层，改变武器素材的大小，如图 8-63 所示。

图 8-63

Step05 改变素材的大小　按快捷键 Ctrl+T，在素材周围会出现可调节的控制框，通过控制点对素材进行旋转，改变素材的大小和位置，并按 Enter 键确认操作，如图 8-64 所示。

Step06 调整图层的顺序　将素材放置到合适的位置，确认“图层 2”图层处于选中状态，拖曳“图层 2”图层到“图层 1”图层的下方，画面中的图像也得到相应的改变，如图 8-65 所示。

图 8-64

图 8-65

8.2.4　翅膀的合成

下面导入老鹰素材，并进行翅膀的合成。

Step01 打开素材　按快捷键 Ctrl+O，在弹出的“打开”对话框中选择老鹰素材文件，单击“打开”按钮，将素材打开，如图 8-66 所示。

Step02 建立选区　选择工具箱中的快速选择工具，在图像上拖曳，将图像中需要的地方建立为选区，如图 8-67 所示。

图 8-66

图 8-67

Step03 移动素材，改变大小　使用移动工具将选区中的素材移动到当前操作的文档中，在“图层”面板的下方将自动生成“图层 3”图层，改变老鹰素材的大小，如图 8-68 所示。

Step04 水平翻转图像　按快捷键 Ctrl+T 执行“自由变换”命令，在老鹰周围会出现可调节的控制框，在控制框内右击，在弹出的快捷菜单中选择“水平翻转”命令，将老鹰图像进行翻转，并按 Enter 键确认操作，如图 8-69 所示。

图 8-68

图 8-69

图 8-70

Step05 调整图层的顺序　选择“图层 3”图层，按住鼠标左键不放，将“图层 3”图层拖曳到“图层 2”图层的下方，改变图层的顺序，如图 8-70 所示。

8.2.5　空中悬浮物的合成

下面导入岩石素材，合成到空中。

Step01 打开素材　按快捷键 Ctrl+O，在弹出的“打开”对话框中选择岩石素材文件，单击“打开”按钮，将素材打开，如图 8-71 所示。

Step02 建立选区　选择工具箱中的快速选择工具，在图像上拖曳，将图像中需要的地方建立为选区，如图 8-72 所示。

图 8-71

图 8-72

Step03 拖入素材　使用移动工具将选区中的素材移动到当前操作的文档中，在“图层”面板下方将自动生成“图层 4”图层，如图 8-73 所示。

Step04 降低不透明度　选择“图层 4”图层，将该图层的不透明度降低，使其与背景的搭配更加和谐，如图 8-74 所示。

图 8-73

图 8-74

Step05 复制图像，改变大小　拖曳“图层 4”图层到“图层”面板下方的“创建新图层”按钮上，新建“图层 4 副本”图层，然后使用移动工具移动素材的位置并改变大小，如图 8-75 所示。

Step06 再次复制，改变大小　使用同样的方法再次对“图层 4”图层进行复制，然后按快捷键 Ctrl+T，改变复制后素材的大小和位置，如图 8-76 所示。

图 8-75

图 8-76

Step07 再次复制，改变大小和位置　使用同样的方法再次对“图层 4”图层复制两次，然后按快捷键 Ctrl+T，分别改变复制后素材的大小和位置，如图 8-77 所示。

Step08 合并图层　在按住 Ctrl 键的同时依次单击“图层 4”图层以及“图层 4”图层的各个副本图层，将其全部选中，然后右击，在弹出的快捷菜单中选择“合并图层”命令，将其进行合并，如图 8-78 所示。

图 8-77

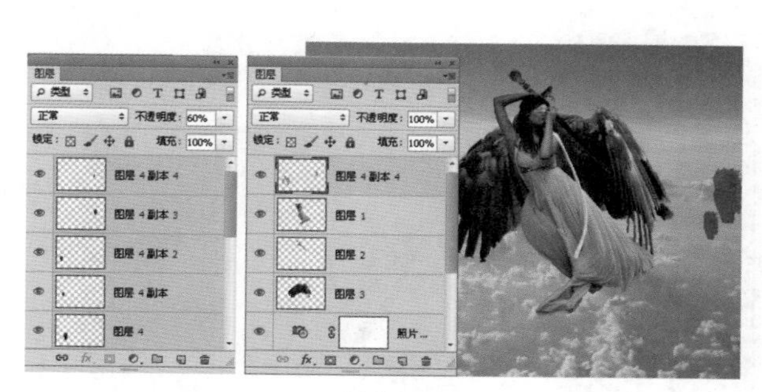

图 8-78

8.2.6　羽毛的合成

下面将羽毛素材合成到人物的周围。

Step01 打开素材　按快捷键 Ctrl+O，在弹出的“打开”对话框中选择羽毛素材文件，单击“打开”按钮，将素材打开，如图 8-79 所示。

Step02 建立选区　选择工具箱中的快速选择工具，在图像上拖曳，将图像中需要的地方建立为

图 8-79

图 8-80

选区，如图 8-80 所示。

Step03 拖入素材　使用移动工具将选区中的素材移动到当前操作的文档中，在“图层”面板下方将自动生成“图层 4”图层，如图 8-81 所示。

Step04 变形素材　按快捷键 Ctrl+T 执行“自由变换”命令，然后在控制框内右击，在弹出的快捷菜单中选择“变形”命令，改变素材的形状，如图 8-82 所示。

Step05 确认变形操作　完成对图像的变形操作后，按 Enter 键确认操作，如图 8-83 所示。

Step06 改变大小和位置　使用上述方法对该素材进行多次复制，并分别进行大小和位置的变换，如图 8-84 所示。

图 8-81

图 8-82

图 8-83

图 8-84

图 8-85

Step07 多次复制　在对图像左边的羽毛进行复制后，使用同样的方法对图像右边的羽毛进行复制，并改变其大小和位置，如图 8-85 所示。

Step08 合并左边羽毛　在按住 Shift 键的同时单击“图层 4”图层和“图层 4 副本 6”图层，将左边羽毛所在的图层全部选中，然后右击，在弹出的快捷菜单中选择“合并图层”命令，将其合并，如图 8-86 所示。

Step09 合并右边羽毛　在按住 Shift 键的同时单击“图层 4 副本 7”图层和“图层 4 副本 12”图层，将右边羽毛所在的图层全部选中，然后右击，在弹出的快捷菜单中选择“合并图层”命令，将其合并，如图 8-87 所示。

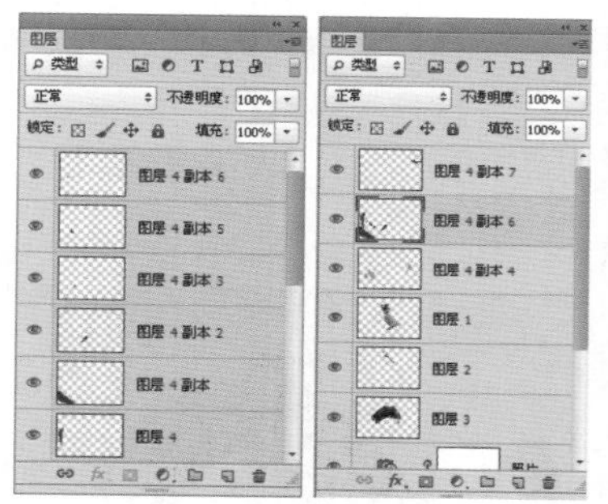

图 8-86

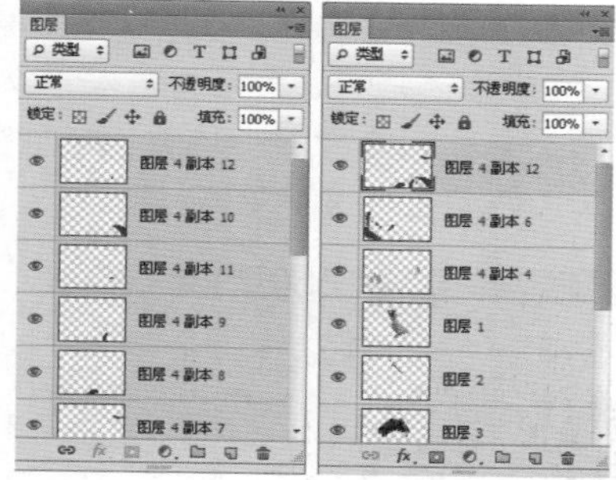

图 8-87

8.2.7 星球的合成

下面导入星球，并将其合成到背景天空中。

Step01 打开素材　按快捷键 Ctrl+O，在弹出的“打开”对话框中选择需要打开的文件，单击“打开”按钮，将星球素材打开，如图 8-88 所示。

Step02 建立选区　选择工具箱中的快速选择工具，在图像上拖曳，将图像中需要的地方建立为选区，如图 8-89 所示。

图 8-88

图 8-89

Step03 移动素材，改变大小　使用移动工具将选区中的素材移动到当前操作的文档中，在“图层”面板下方将自动生成“图层 4”图层，如图 8-90 所示。

Step04 变换图像　按快捷键 Ctrl+T 执行“自由变换”命令，在星球周围会出现可调节的控制框，按住鼠标左键不放，在图像四周的节点处进行旋转，将图像旋转 90°，然后改变星球的大小和位置，按 Enter 键确认操作，如图 8-91 所示。

图 8-90

图 8-91

Step 05 调整图层的顺序 选择“图层 4”图层，移动该图层到“背景”图层的上方，改变图层的顺序，如图 8-92 所示。

Step 06 改变混合模式，降低不透明度 将“图层 4”图层的混合模式设置为“滤色”，调节该图层的不透明度为 50%，如图 8-93 所示。

图 8-92

图 8-93

Step 07 添加渐变映射图层 选择最上面的图层，单击“图层”面板下方的“创建新的填充或调整图层”按钮，在弹出的下拉菜单中选择“渐变映射”命令，打开“渐变映射”属性面板，调节参数，如图 8-94 所示。

Step 08 设置图层的混合模式 选择“渐变映射 1”图层，将该图层的混合模式设置为“叠加”，调节不透明度为 60%，改变图像的色调，如图 8-95 所示。

图 8-94

图 8-95

Step 09 改变图像色调为暖色调 单击“图层”面板下方的“创建新的填充或调整图层”按钮，在弹出的下拉菜单中选择“照片滤镜”命令，打开“照片滤镜”属性面板，在“滤镜”下拉列表中选择加温滤镜（81），调节“浓度”的参数，改变图像色调为暖色调，如图 8-96 所示。

Step 10 添加蒙版，隐藏图像 单击“照片滤镜 1”图层的图层蒙版缩览图，然后设置前景色为黑色，选择工具箱中的画笔工具，在图像上进行涂抹，将不需要的部分隐藏，如图 8-97 所示。

图 8-96

图 8-97

Step 11 调整画面的色调 单击“图层”面板下方的“创建新的填充或调整图层”按钮，在弹出的下拉菜单中选择“可选颜色”命令，打开“可选颜色”属性面板，在“颜色”下拉列表中分别选择红色、黄色、白色、中性色进行参数调节，如图 8-98 所示。

图 8-98

8.2.8 整体画面的校色

下面对画面的色调进行整体校色，产生暖色调画面。

Step01 调出选区　在按住 Ctrl 键的同时单击“图层 4 副本 4”图层的图层缩览图，选择该图层的选区，如图 8-99 所示。

Step02 降低饱和度　单击“图层”面板下方的“创建新的填充或调整图层”按钮，在弹出的下拉菜单中选择“自然饱和度”命令，打开“自然饱和度”属性面板，降低自然饱和度的参数，如图 8-100 所示。

图 8-99

图 8-100

Step03 降低不透明度　在“自然饱和度”调整图层建立完成后，在“图层”面板下方将自动生成调整图层，将该图层的不透明度降低为50%，如图8-101所示。

Step04 调出选区　在按住Ctrl键的同时单击“图层4 副本6”图层的图层缩览图，选择该图层的选区，如图8-102所示。

图 8-101

图 8-102

Step05 改变选区的色调　单击“图层”面板下方的“创建新的填充或调整图层”按钮，在弹出的下拉菜单中选择“色彩平衡”命令，打开“色彩平衡”属性面板，调节参数，改变选区内的色调，如图8-103所示。

Step06 再次调出选区　在按住Ctrl键的同时单击“图层4 副本12”图层的图层缩览图，选择该图层的选区，如图8-104所示。

图 8-103

图 8-104

Step07 调整选区的色调　单击“图层”面板下方的“创建新的填充或调整图层”按钮，在弹出的下拉菜单中选择“色彩平衡”命令，打开“色彩平衡”属性面板，调节参数，改变选区内的色调，如图8-105所示。

Step08 降低饱和度　载入“图层4 副本12”图层为选区，单击“图层”面板下方的“创建新的填充或调整图层”按钮，在弹出的下拉菜单中选择“色相/饱和度”命令，打开“色相/饱和度”属性面板，调节参数，如图8-106所示。

图 8-105

图 8-106

Step 09 调出选区，调整色调　现在对选区内图像色调的调节还不够理想，再次载入该图层的选区，单击“图层”面板下方的“创建新的填充或调整图层”按钮，在弹出的下拉菜单中选择“照片滤镜”命令，打开“照片滤镜”属性面板，调节参数，如图 8-107 所示。

Step 10 新建图层，添加渐变色　新建“图层 5”图层，选择工具箱中的渐变工具，在图像上方显示的渐变工具的选项栏中单击“点按可编辑渐变”按钮，然后在弹出的“渐变编辑器”对话框中编辑渐变色，在图像上绘制渐变色，如图 8-108 所示。

图 8-107

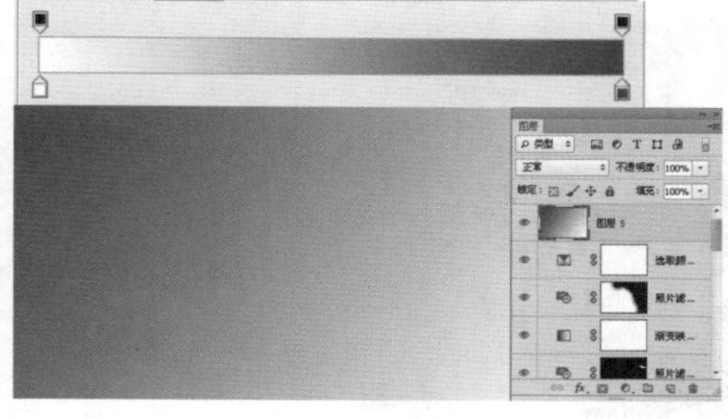

图 8-108

Step 11 设置图层的混合模式　选择“图层 5”图层，将该图层的混合模式设置为“亮光”，画面效果如图 8-109 所示。

Step 12 添加蒙版，隐藏图像　单击“图层”面板下方的“添加图层蒙版”按钮，为“图层 5”图层添加图层蒙版，然后选择画笔工具，设置前景色为黑色，在图像上进行涂抹，如图 8-110 所示。

图 8-109

图 8-110

Step 13 添加光晕效果　按快捷键 Ctrl+Alt+Shift+E 盖印图层，生成“图层 6”图层，然后执行“滤镜 > 渲染 > 镜头光晕”命令，在弹出的对话框中设置参数，为图像添加光晕效果，如图 8-111 所示。

Step 14 为画面增加暖色调　单击“图层”面板下方的“创建新的填充或调整图层”按钮，在弹出的下拉菜单中选择“照片滤镜”命令，打开“照片滤镜”属性面板，调节参数，如图 8-112 所示。

图 8-111

图 8-112

8.2.9 陨石的合成

下面将燃烧弹陨石合成到画面中。

Step01 拖入素材，改变大小 打开陨石素材文件，使用移动工具将其移动到当前操作的文档中，此时在“图层”面板下方将自动生成“图层 7”图层，改变素材的大小和位置，如图 8-113 所示。

Step02 复制素材，改变大小和位置 将该素材中的图像进行多次复制，分别移动到不同的位置，改变其大小，如图 8-114 所示。

图 8-113

图 8-114

Step03 合并图层 按住 Shift 键将“图层 7”图层以及“图层 7”的副本图层全部选中，右击，在弹出的快捷菜单中选择“合并图层”命令，将其进行合并，如图 8-115 所示。

Step04 改变选区的色调 单击“图层”面板下方的“创建新的填充或调整图层”按钮，在弹出的下拉菜单中选择“色彩平衡”命令，打开“色彩平衡”属性面板，调节参数，改变选区内的色调，如图 8-116 所示。

图 8-115

图 8-116

Step05 选择蒙版，隐藏图像 单击“色彩平衡 1”图层的图层蒙版缩览图，使该图层的蒙版处于选中状态，然后选择画笔工具，设置前景色为黑色，在图像上进行涂抹，将不需要的部分隐藏，如图 8-117 所示。

图 8-117